国家级实验教学示范中心联席会

计算机学科组规划教材

数据库应用课程设计

SQL Server、MySQL和微信云应用系统开发

微课视频版

石黎 主 编

王涛 副主编

清华大学出版社

北京

内 容 简 介

本书源于本科实践实验类课程"数据库应用课程设计"的实践。全书共有 8 章，主要内容包含数据库课程设计概述、常规数据库设计 6 阶段、数据库课程设计规范、微信云开发、人才招聘平台"点程"、基于 Web 的预约挂号系统、社区团购平台"智享"、高考志愿推荐系统"高考智汇录"。本书力求体现多样性、规范性、全面性特色，希望学生在学习数据库知识的同时，培养社会责任感、创新精神和伦理意识，提高综合素质和社会适应能力。

本书可作为高等学校计算机、软件工程、信息管理类、电子类等相关专业的"数据库应用课程设计"实践实验类课程的教材，同时也可作为数据库应用系统开发设计人员、工程技术人员及其他相关人员的参考书。

图书在版编目（CIP）数据

数据库应用课程设计 ：SQL Server、MySQL 和微信云应用系统开发 ：微课视频版 / 石黎主编. -- 北京 ：清华大学出版社，2024. 10. --（国家级实验教学示范中心联席会计算机学科组规划教材）. -- ISBN 978-7-302-67271-5

Ⅰ. TP311.138
中国国家版本馆 CIP 数据核字第 2024V2G388 号

责任编辑：郑寅堃 薛 阳
封面设计：刘 键
责任校对：胡伟民
责任印制：宋 林

出版发行：清华大学出版社
　　　　网　　址：https://www.tup.com.cn，https://www.wqxuetang.com
　　　　地　　址：北京清华大学学研大厦 A 座　　　　邮　　编：100084
　　　　社　总　机：010-83470000　　　　　　　　　邮　　购：010-62786544
　　　　投稿与读者服务：010-62776969，c-service@tup.tsinghua.edu.cn
　　　　质量反馈：010-62772015，zhiliang@tup.tsinghua.edu.cn
　　　　课件下载：https://www.tup.com.cn，010-83470236
印 装 者：三河市铭诚印务有限公司
经　　销：全国新华书店
开　　本：185mm×260mm　　印　张：14　　　　　　字　　数：350 千字
版　　次：2024 年 10 月第 1 版　　　　　　　　　印　　次：2024 年 10 月第 1 次印刷
印　　数：1～1500
定　　价：49.90 元

产品编号：104379-01

前 言

新一轮科技革命和产业变革带动了传统产业的升级改造。党的二十大报告强调"必须坚持科技是第一生产力、人才是第一资源、创新是第一动力,深入实施科教兴国战略、人才强国战略、创新驱动发展战略,开辟发展新领域新赛道,不断塑造发展新动能新优势"。建设高质量高等教育体系是摆在高等教育面前的重大历史使命和政治责任。高等教育要坚持国家战略引领,聚焦重大需求布局,推进新工科、新医科、新农科、新文科建设,加快培养紧缺型人才。

数据库应用课程设计是面向计算机科学与技术专业的实践与实验课程,通过课程设计,结合实际的操作和设计,巩固数据库原理及应用课堂教学内容,使学生掌握数据库系统的基本概念、原理和技术,将理论与实际相结合,应用现有的数据建模工具和数据库管理系统软件,规范、科学地完成一个数据库应用系统的设计与实现。

数据库应用课程设计的特点有以下几方面。

(1) 实践性强:数据库应用课程设计注重学生实践能力的培养,通过设计和实现实际的数据库应用项目,使学生能够将所学的数据库理论知识应用于实际项目中,提高解决实际问题的能力。

(2) 综合性强:数据库应用课程设计需要学生综合运用数据库设计、数据库管理、数据库编程等多方面的知识,从需求分析到系统设计、开发和实施等全过程进行综合性设计。

(3) 团队合作:数据库应用课程设计通常需要学生组成小组进行合作,通过团队合作能够培养学生的团队合作能力、沟通能力和组织管理能力。

(4) 实际应用导向:数据库应用课程设计注重将数据库理论知识与实际应用相结合,使学生能够理解和解决实际问题,培养学生的实际应用能力。

(5) 创新性:数据库应用课程设计鼓励学生在设计过程中提出创新的想法和解决方案,培养学生的创新思维和创新能力。

(6) 实时性:数据库应用课程设计需要关注当前的数据库技术和应用趋势,使学生能够了解最新的数据库技术和应用领域的发展动态。

通过以上特点的设计和实施，数据库应用课程可以更好地培养学生的数据库应用能力和创新能力，使他们能够在实际工作中灵活运用数据库技术解决问题。

本书的组织编写源于实际课程设计课程。课程希望学生了解、使用不同的数据库产品，选择自己感兴趣的开发工具，愿意做新的尝试。本书力求体现多样性、规范性、全面性的特色，希望学生在学习数据库知识的同时，培养社会责任感、创新精神和伦理意识，提高综合素质和社会适应能力。

本书的结构安排如下：第 1 章概述数据库课程设计的要求，应用系统开发的方法；第 2 章回顾了数据库设计的 6 阶段；第 3 章描述了数据库课程设计的规范；第 4 章介绍了微信云开发技术；第 5～8 章安排了 4 个具体的案例，以案例为指导，带领读者了解不同的应用系统的开发全过程，每个案例独立，自成体系；附录中给出了 SQL Server、MySQL、微信云开发数据库的安装方法，供需要的读者选读。

本书可作为计算机各专业及软件工程、信息类、电子类专业等数据库相关课程设计的教材，同时也可以供数据库应用系统开发设计人员、工程技术人员及其他相关人员参阅。

本书由石黎任主编，王涛任副主编。湖北经济学院及湖北经济学院法商学院计算机科学与技术专业 2020 级本科生范李涛、曾仁杰、李谨浩、何志兵、唐瑞阳等在不同方面为本书的编写做出了贡献。

由于时间仓促、编者水平有限，书中难免有错误、疏漏和不妥之处，敬请广大读者与同行专家批评指正。

石 黎

2024 年 5 月

目 录

随书资源

第 **1** 章

概　述

CHAPTER **1**

当前,互联网、大数据、云计算、人工智能、区块链等新技术深刻演变,产业数字化、智能化、绿色化转型不断加速,智能产业、数字经济蓬勃发展,极大改变全球要素资源配置方式、产业发展模式和人民生活方式。

——习近平总书记 2023 年 9 月 4 日向 2023 中国国际智能产业博览会致贺信

数据库的应用非常广泛,几乎涵盖了各行各业。例如:在企业中,数据库被广泛应用于人力资源管理、客户关系管理、供应链管理等领域;在科学研究和教育机构中,数据库用于存储和管理实验数据、图书馆信息等;在互联网领域,数据库则用于支持各种网站和应用程序的数据存储和访问需求。总之,数据库是数据管理和应用的基础,对于现代信息化社会的发展具有重要作用。

数据库课程设计是一门针对数据库的应用程序设计的课程。在这门课程中,学生将学习从设计到实现一个数据库系统的整个过程。通常,这个过程包括确定系统需求、设计系统结构、选择适当的数据库管理系统(Database Management System,DBMS)、实现数据库系统、测试系统和调整系统。相比于理论学习,这门课程更偏重于实践,学生需要通过项目实践来掌握数据库设计和开发技术,以及领悟到如何使用数据库系统来存储、管理和分析数据。

本章首先介绍数据库课程设计的要求,然后简单介绍数据库应用系统的开发方法,最后对本书的编排做了一个简单概述。

视频讲解

1.1　数据库课程设计的要求

数据库课程设计是数据库原理课程的后续实践课程,独立于具体的数据库原理教材,围绕数据库原理课程内容,结合数据库系统的特点,通过分析一些应用系统的数据管理需求,进行应用系统的数据库设计。它通常包括以下几方面。

(1) 教学目标确定:根据课程要求和学生水平,确定数据库课程的教学目标。这些目标可以包括理论知识的扩展、实际应用能力的培养以及解决实际问题的能力等。

(2) 教学内容选择:根据数据库课程设计的目标和大纲,选择适当的数据库设计选题,可以是数据库应用系统的开发设计的传统选题,也可以是融入大数据、人工智能、微信开发平台等多种技术的新型选题。

(3) 数据库设计与实践:班级学生进行分组,每三四名学生组成一组,每个组负责完成一个独立选题,通过实际操作数据库系统和完成数据库项目来理解和巩固所学知识。实验设计须要合理设置实验环境、实验任务和实验报告要求,促使学生灵活运用数据库技术。

(4) 评估与反馈:设计合适的学习评估方式,例如需求分析讲解、数据库结构设计讲解、项目答辩等,记录课程设计中各个步骤的结果,认真总结课程设计的收获及心得体会,对学生的课程设计情况进行评估和反馈。通过评估结果,及时调整设计策略。

通过合理的数据库课程设计,可以帮助学生全面掌握数据库的基本原理和技术,培养学生的数据库设计和管理能力,提高学生在实际工作中应用数据库的能力。同时,通过实践环节的设置,可以激发学生的创新思维和问题解决能力。

数据库课程设计的团队合作方式可以使学生在学习数据库技术的同时,还能从以下几方面加强思想道德修养,培养全面发展的思维方式和价值观念。

(1) 社会责任感:通过案例分析或项目实践,引导学生了解数据库在社会中的应用,并探讨其对社会、人文和伦理的影响,鼓励学生思考数据库技术在信息安全、隐私保护、数据共享等方面应承担的责任。

(2) 创新精神:在设计数据库课程实验项目时,鼓励学生进行独立思考和创新实践,例如设计新颖的数据库应用、改进数据库性能和解决实际问题,培养学生的创新意识和技术解决问题的能力。

(3) 道德伦理素养:引导学生了解数据隐私、合规性等重要的道德和伦理问题,讨论个人隐私保护、数据泄露、数据滥用等话题,培养学生正确的伦理观念和价值观。

(4) 信息素养与批判思维:在数据库课程中注重培养学生的信息素养,教授数据的获取、处理和分析等知识与技能,帮助学生辨别信息真伪,并培养批判思维,鼓励学生对数据库相关问题进行深入调查和分析。

(5) 跨学科思维:将数据库课程与其他学科内容进行融合,如与计算机网络、人工智能、大数据等学科进行交叉讨论和应用,帮助学生拓宽视野,培养跨学科思维和综合应用能力。

(6) 文化传承和社会发展:在数据库课程中引导学生了解数据库技术的历史发展和对

社会变革的影响，培养学生对科技进步和文化传承的关注，弘扬传统文化与现代科技的相互交融。

1.2　数据库应用系统开发方法

视频讲解

数据库应用系统开发方法是指在设计和开发数据库应用系统时所采用的方法和技术。下面是一些常用的数据库应用系统开发方法。

（1）瀑布模型：采用线性顺序的开发流程，包括需求分析、系统设计、编码、测试和维护等阶段。

（2）原型模型：通过快速构建原型来验证需求和设计，然后逐步完善系统。

（3）敏捷开发：采用迭代和增量的方式进行开发，强调快速响应需求变化和持续交付。

（4）基于组件的开发：将系统划分为多个独立的组件，通过组件的组合和复用来开发系统。

（5）面向对象开发：采用面向对象的方法进行系统分析、设计和编码。

（6）数据驱动开发：以数据为中心进行系统开发，先设计数据库模型，再基于数据库模型进行系统开发。

下面介绍常用的两种方法。

1.2.1　瀑布模型

瀑布模型是一种传统的软件开发生命周期模型，也被称为经典生命周期模型。它是一种线性顺序的开发过程，按照固定的阶段顺序进行，每个阶段的输出作为下一个阶段的输入。瀑布模型把软件开发的全过程定义为 6 个阶段，如图 1-1 所示。

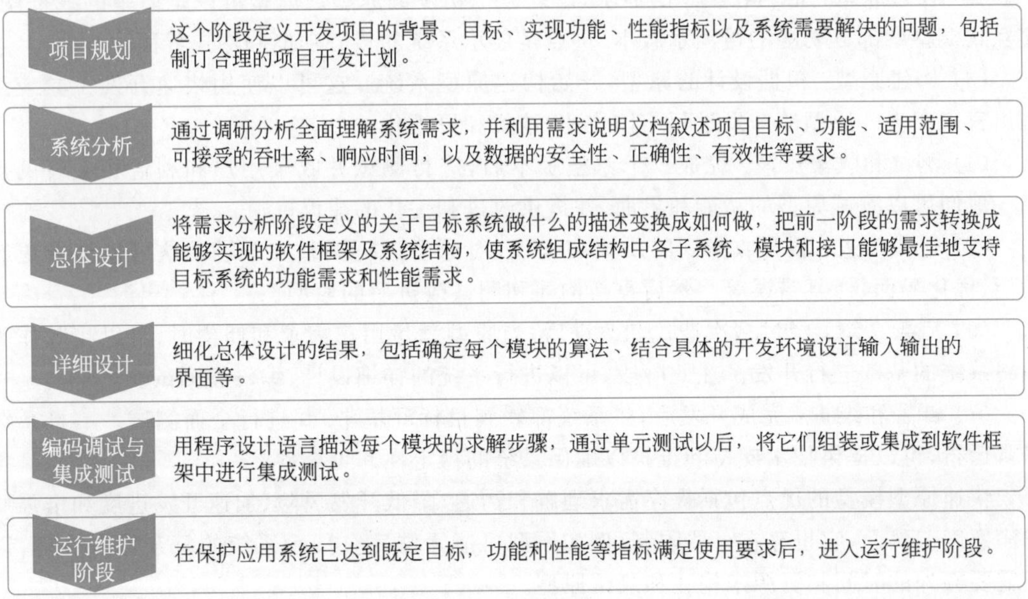
项目规划
这个阶段定义开发项目的背景、目标、实现功能、性能指标以及系统需要解决的问题，包括制订合理的项目开发计划。
系统分析
通过调研分析全面理解系统需求，并利用需求说明文档叙述项目目标、功能、适用范围、可接受的吞吐率、响应时间，以及数据的安全性、正确性、有效性等要求。
总体设计
将需求分析阶段定义的关于目标系统做什么的描述变换成如何做，把前一阶段的需求转换成能够实现的软件框架及系统结构，使系统组成结构中各子系统、模块和接口能够最佳地支持目标系统的功能需求和性能需求。
详细设计
细化总体设计的结果，包括确定每个模块的算法、结合具体的开发环境设计输入输出的界面等。
编码调试与集成测试
用程序设计语言描述每个模块的求解步骤，通过单元测试以后，将它们组装或集成到软件框架中进行集成测试。
运行维护阶段
在保护应用系统已达到既定目标，功能和性能等指标满足使用要求后，进入运行维护阶段。

图 1-1　瀑布模型的 6 个阶段

　　其中主要阶段包括需求分析、系统设计、编码、测试和维护。

　　（1）需求分析阶段：在这个阶段，开发团队与客户合作，收集和分析用户需求，包括定义系统功能、性能和约束等方面的需求。

　　（2）系统设计阶段：在这个阶段，根据需求分析的结果，设计系统的整体结构和功能模块，包括确定系统的架构、数据库设计、界面设计等。

　　（3）编码阶段：在这个阶段，根据系统设计的规范，开发团队开始编写代码。程序员根据设计文档实现系统功能，并进行单元测试。

　　（4）测试阶段：在这个阶段，对系统进行全面测试，包括功能测试、性能测试、安全性测试等。发现的问题将被修复，并进行回归测试，确保修复不会引入新的问题。

　　（5）维护阶段：在系统交付给客户后，维护阶段开始，包括修复已知问题、提供技术支持和进行系统更新等。

　　瀑布模型的优点包括清晰的阶段划分、适用于稳定需求和团队成员的专业化。然而，它也存在一些限制，例如刚性的阶段顺序、无法适应需求变化和缺乏灵活性等。因此，在需求不确定或变化频繁的项目中，瀑布模型可能不太适用，而快速原型模型可能更加合适。

1.2.2　快速原型模型

　　快速原型模型方法即敏捷开发方法，旨在快速创建和演示系统的原型。它强调通过迅速构建可视化的原型来验证和沟通系统需求，以便在真正的开发之前收集反馈和进行改进。

　　快速原型模型的开发过程可以分为以下几个步骤。

　　（1）确定需求：在开始开发之前，与用户和利益相关者明确系统的需求和期望。这可以通过需求收集会议、访谈、问卷调查等方式进行。

　　（2）设计原型：根据收集到的需求，设计一个初步的原型。原型可以是简单的线框图、交互式模型或部分功能的可演示版本，重点是展示系统的核心功能和用户界面。

　　（3）构建原型：根据设计的原型，开始构建原型系统。这可以使用快速开发工具或编程语言来实现。原型的开发过程应该快速、迭代和可视化。

　　（4）测试和收集反馈：完成一个原型版本后，进行测试并收集用户和利益相关者的反馈。他们可以测试原型的功能和界面，并提供改进和优化的建议。

　　（5）迭代改进：根据收集到的反馈和建议，对原型进行调整和改进。这可能涉及更改功能、优化界面、修复错误等。然后重新构建和测试改进后的原型。

　　（6）完善系统：经过多次迭代和改进后，当原型满足用户需求和期望时，可以将其作为最终系统的基础进行开发。在此阶段，可以进行系统的详细设计、编码和测试。

　　（7）部署和维护：完成开发后，将系统部署到目标环境中，并进行全面测试。一旦系统正常运行，可以提供技术支持和维护以确保系统的稳定性和可靠性。

　　快速原型模型的优点包括提高需求理解和沟通、降低开发风险、加速开发进度和增强用户满意度。然而，它也存在一些限制，例如原型可能无法完全展示系统的复杂性和性能，以及需要额外的时间和资源来构建和测试原型。

🔑 1.3　本书结构组织

　　数据库课程设计的目的在于培养学生在设计、开发和管理数据库系统方面的能力。本书从培养掌握基本技能的应用型人才角度出发,不局限于传统意义上的信息系统的开发,扩展了微信小程序开发在数据库应用系统设计中的应用。本书第 2 章介绍数据库设计的常规六大阶段内容;第 3 章介绍数据库课程设计规范;第 4 章介绍微信云开发技术;第 5~8 章给出了四个实际应用开发案例;附录介绍了数据库安装和使用,包括 MySQL、SQL Server、云开发数据库。读者可以在熟悉数据库设计工作和开发工具的基础上,参考开发案例,进行环境搭建和应用系统的设计开发。

第 2 章

CHAPTER 2

数据库设计(6阶段)

没有网络安全就没有国家安全,没有信息化就没有现代化。建设网络强国,要有自己的技术,有过硬的技术;要有丰富全面的信息服务,繁荣发展的网络文化;要有良好的信息基础设施,形成实力雄厚的信息经济;要有高素质的网络安全和信息化人才队伍;要积极开展双边、多边的互联网国际交流合作。

——习近平总书记 2014 年 2 月 27 日在中央网络安全和信息化领导小组第一次会议上的讲话

视频讲解

2.1　数据库设计的基本任务

数据库设计的任务是对于一个给定的应用环境，构造（设计）优化的数据库逻辑模式和物理结构，并据此建立数据库及其应用系统，使之能够有效地存储和管理数据，满足各种用户的应用需求，包括信息管理要求和数据操作要求。

信息管理要求是指在数据库中应该存储和管理哪些数据对象；数据操作要求是指对数据对象需要进行哪些操作，如查询、增添、删减、修改、统计等操作。

数据库设计的目标是为用户和各种应用系统提供一个信息基础设施和高效的运行环境。高效的运行环境指数据库数据的存取效率、数据库存储空间的利用率、数据库系统运行管理的效率等都是高的。

2.2　数据库设计的方法和步骤

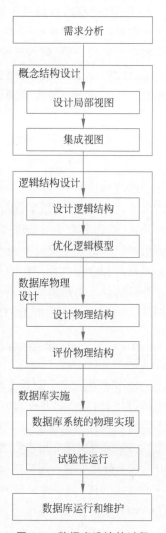

图 2-1　数据库设计的过程

视频讲解

目前设计数据库系统主要采用的是以逻辑数据库设计和物理数据库设计为核心的规范设计方法。其中逻辑数据库设计是根据用户要求和特定数据库管理系统的具体特点，以数据库设计理论为依据，设计数据库的全局逻辑结构和每个用户的局部逻辑结构。物理数据库设计是在逻辑结构确定之后，设计数据库的存储结构及其他实现细节。各种规范设计方法在设计步骤上存在差别，各有千秋。通过分析、比较和综合各种常用的数据库规范设计方法，将数据库设计分为以下 6 个阶段，如图 2-1 所示。

在数据库设计开始之前，必须选定参加设计的人员，包括数据库分析设计人员、用户、程序员和操作员。数据库分析设计人员是数据库设计的核心人员，他们将自始至终参与数据库设计，他们的水平决定了数据库系统的质量。用户在数据库设计中也是举足轻重的，他们主要参加需求分析和数据库的运行维护，他们的积极参与不但能加速数据库设计，而且是决定数据库设计的质量的又一因素。程序员和操作员则在系统实施阶段参与进来，分别负责编制程序和准备软硬件环境。

如果所设计的数据库应用系统比较复杂，还应该考虑是否需要使用计算机辅助软件工程（简称 CASE）工具以简化数据库设计各阶段的工作量，以及选用何种 CASE 工具。

（1）需求分析阶段。

进行数据库设计首先必须准确了解与分析用户需求（包括数据与预处理）。需求分析是整个设计过程的基础，是最困难、最耗费时间的一步。作为地基的需求分析是否做得充分和准确,决定了在其上构建数据库大厦的速度与质量。需求分析做得不好,甚至会导致整个数据库设计返工重做。

（2）概念结构设计阶段。

概念结构设计是整个数据库设计的关键,它通过对用户需求进行综合、归纳与抽象,形成一个独立于具体 DBMS 的概念模型。

（3）逻辑结构设计阶段。

逻辑结构设计是将概念结构转换为某个 DBMS 所支持的数据模型,并对其进行优化。

（4）数据库物理设计阶段。

数据库物理设计是为逻辑数据模型选取一个最适合应用环境的物理结构(包括存储结构和存取方法)。

（5）数据库实施阶段。

在数据库实施阶段,设计人员运用 DBMS 提供的数据语言及其宿主语言,根据逻辑设计和物理设计的结果建立数据库,编制与调试应用程序,组织设计入库,并进行试运行。

（6）数据库运行和维护阶段。

数据库应用系统经过试运行后,即可投入正式运行。在数据库系统运行过程中必须不断地对其进行评价、调整与修改。

设计一个完善的数据库应用系统是不可能一蹴而就的,它往往是上述 6 个阶段不断反复的过程。下面各节将分别介绍这 6 个阶段。

视频讲解

2.3　需求分析

任何软件系统的设计开发,首先需要进行需求分析,即尽可能详细地了解和分析用户的需求及业务流程,包括掌握新系统所要处理的输入、输出和加工的详细情况,明确系统的用途和目标,确定系统的功能要求、性能要求、运行环境要求和将来可能的扩充要求等。需求分析的工作由系统设计人员与用户合作完成,其结果需经双方确认。需求分析的结果是数据库设计和应用软件设计的基础,也是将来系统确认和验收的依据。按照软件工程规范,需求分析的结果将形成文档——需求规格说明书,对其中的数据需求部分还要求用数据流程图(Data Flow Diagram,DFD)和数据字典(Data Dictionary,DD)加以详细描述。

2.3.1　需求调查

需求调查是为了彻底了解原系统的全部概况,系统分析师和数据库设计人员深入到应用部门,和用户一起调查和收集原系统所涉及的全部数据。

需求调查的重点是以下几方面。

（1）信息要求：用户需要对哪些信息进行查询和分析,信息与信息之间的关系如何等。

（2）处理要求：用户需要对信息进行何种处理,每一种处理有哪些输入、输出要求,处理的方式如何,每一种处理有无特殊要求等。

（3）系统要求：系统要求有以下几项要求。

① 安全性要求：系统有几种用户使用,每一种用户的使用权限如何等。

② 使用方式要求：用户的使用环境是什么，平均有多少用户同时使用，最高峰时有多少用户同时使用，有无查询相应的时间要求等。

③ 可扩充性要求：对未来功能、性能和应用访问的可扩充性的要求。

需求调查的方法主要有：

(1) 阅读有关手册、文档及与原系统有关的一切数据资料。

(2) 与各种层次的用户(包括企业领导、管理人员、操作员)进行沟通。每个用户所处的地方不同，对新系统的理解和要求也不同。与他们进行沟通，可获得在查阅资料时遗漏的信息。

(3) 跟班作业。有时用户并不能从信息处理的角度来表达他们的需求，需要分析人员和设计人员亲自参与他们的工作，了解业务活动的情况。

(4) 召集有关人员讨论座谈。可按职能部门召开座谈会，了解各部门的业务情况及对新系统的建议。

(5) 使用调查表的形式调查用户的需求。

需求调查的方法很多，常常需要综合使用各种方法。对用户对象的专业知识和业务过程了解得越详细，为数据库设计所做的准备就越充分。并且设计人员还应考虑到将来对系统功能的扩充和改进，尽量把系统设计得易于修改。

2.3.2　需求分析的方法

需求调查所得到的数据可能是零碎的、局部的，需求分析师和设计人员必须进一步分析和表达用户的需求。需求分析的任务是：

(1) 分析需求调查得到的资料，明确计算机应当处理和能够处理的范围，确定新系统应具备的功能。

(2) 综合各种信息所包含的数据，各种数据之间的关系，数据的类型、取值范围、流向等。

(3) 将需求调查文档化，文档既要为用户所理解，又要方便数据库的概念结构设计。

需求分析的结果应及时与用户进行交流，反复修改，直到得到用户的认可。

在数据库设计中，数据需求分析是对有关信息系统现有数据及数据间联系的收集和处理，当然也要适当考虑系统在将来的可能需求。一般来说，需求分析包括功能分析及数据流分析。

功能分析是指系统如何得到事务活动所需要的数据，在事务处理中如何使用这些数据进行处理(也叫加工)，以及处理后数据流向的全过程分析。换言之，功能分析是对所建数据模型支持的系统事务处理的分析。

数据流分析是对事务处理所需的原始数据的收集及经处理后所得数据及其流向的分析，一般用数据流程图来表示。数据流程图不仅指出了数据的流向，而且还指出了需要进行的事务处理(但并不涉及如何处理，这是应用程序的设计范畴)。在需求分析阶段，应当用文档形式整理出整个系统所涉及的数据、数据间的依赖关系、事务处理的说明和所需产生的报告，并且尽量借助于数据字典加以说明。

1. 数据流程图

数据流程图的符号说明如下：

数据流 —→ 代表数据流，箭头表示数据流动的方向

(加工) 或称为处理，代表数据的处理逻辑

文件 或称为数据库存储文件，代表数据存储

| 外部实体 | 代表系统之外的信息提供者或使用者

(1) 数据流：由一组确定的数据组成。

数据流用带名字的箭头表示，名字表示流经的数据，箭头则表示流向。

例如，"成绩单"数据流由学生名、课程名、学期、成绩等数据组成。

(2) 加工：是对数据进行的操作或处理。

加工包括两方面的内容：一是变换数据的组成，即改变数据结构；二是在原有的数据内容基础上增加新的内容，形成新的数据。

例如，在学生成绩管理系统中，"选课登记"是一个加工，它把学生信息和开课信息进行处理后生成学生的选课清单。

(3) 文件：数据暂时存储或永久保存的地方。

例如，学生表、开课计划表均为文件。

(4) 外部实体：指独立于系统存在的，但又和系统有联系的实体。它表示数据的外部来源和最后的去向。确定系统与外部环境之间的界限，从而可确定系统的范围。

外部实体可以是某种人员、组织、系统或某事物。

例如，在学生成绩管理系统中，家长可以作为外部实体存在，因为家长不是该系统要研究的实体，但它可以查询本系统中有关的学生成绩。构造 DFD 的目的是使系统分析师与用户进行明确的交流，指导系统设计，并为下一阶段的工作打下基础。所以 DFD 既要简单，又要容易理解。构造 DFD 通常采用自顶向下、逐层分解的方法，直到功能细化，形成若干层次的 DFD。

如图 2-2 是学校成绩管理系统的第一层数据流程图。如果需要，还可以对其中的三个处理过程分别作第二层数据流程图。

2. 数据字典

数据字典是以特定格式记录下来的，对数据流程图中各个基本要素(数据流、文件、加工等)的具体内容和特征所做的完整的对应和说明。

数据字典是对数据流程图的注释和重要补充，它可以全面地帮助系统分析师确定用户的要求，并为以后的系统设计提供参考依据。

数据字典的内容包括：数据项、数据结构、数据流、加工、文件、外部实体等。一切在数据定义需求中出现的名称都必须有严格的说明。在数据库设计过程中，数据字典可以不断地充实、修改、完善。

下面对成绩管理数据流程图中几个元素的定义加以说明。

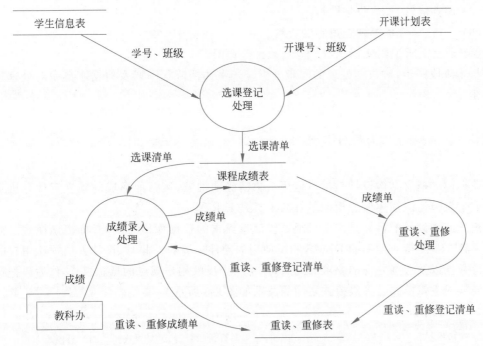

图 2-2 成绩管理系统的第一层数据流程图（部分）

（1）数据项名：成绩

别名：分数

描述：课程考核的分数值。

定义：数值型，带一位小数。

取值范围：0～100。

（2）数据结构名：成绩单

别名：考试成绩

描述：学生每学期考试成绩单。

定义：成绩清单＝学生号＋开课号＋学期＋考试成绩。

（3）加工名：选课登记处理

输入数据流：学期、学生号、开课号、课程号。

输出数据流：选课清单。

加工逻辑：把选课者的学生号、所处的学期号、所选的开课号、课程号录入数据库。

处理频率：根据学校的学生人数而定，具有集中性。

（4）文件名：学生信息表

简述：用来记录学生的基本情况。

组成：记录学生各种情况的数据项，如学生号、姓名、性别、政治面貌、专业、班级号等。

读文件：提供各项数据的显示，提取学生的信息。

写文件：对学生情况的修改、增加或删除。

需求分析这一阶段的主要任务有：

（1）确定系统的设计范围。

（2）调查信息需求、收集数据。

（3）分析、综合系统调查得到的资料。

（4）建立需求说明文档、数据字典、数据流程图。

与本阶段同步,对数据处理的同步分析应产生数据流程图以及数据字典中对处理过程的描述。

视频讲解

🔑 2.4 概念结构设计

数据库的概念结构设计是指对应用对象精确地抽象、概括而形成的独立于计算机系统的企业信息模型。描述概念模型最好的工具是 E-R 图。

概念结构设计的目标是产生反映系统信息需求的数据库概念结构,即概念模式。概念结构是独立于支持数据库的 DBMS 和所使用的硬件环境的。此时,设计人员须从用户的角度看待数据以及数据处理的要求和约束,产生一个反映用户观点的概念模式,然后再把概念模式转换成逻辑模式。各级模式之间的关系如图 2-3 所示。

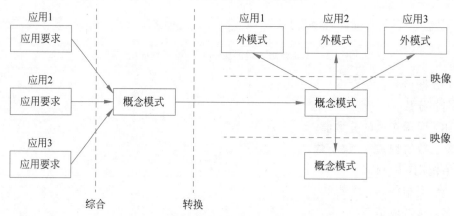

图 2-3　数据库各级模式之间的关系

描述概念结构的模型应具有以下几个特点。

（1）有丰富的语义表达能力。概念模型应能表达用户的各种需求,反映现实世界中各种数据及其复杂的联系,以及用户对数据的处理要求等。

（2）易于交流和理解。概念模型是系统分析师、数据库设计人员和用户之间的主要交流工具。

（3）易于修改。概念模型应能灵活地加以改变,以反映用户需求和环境的变化。

（4）易于向各种数据模型转换。设计概念模型的最终目的是向某种 DBMS 支持的数据模型转换,建立数据库应用系统。

传统的数据模型(层次、网状、关系)由于缺乏必要的语义表达手段,不适合做概念模型。人们提出了多种概念设计的表达工具,其中最常用、最著名的是 E-R 模型。

在需求分析中,已经初步得到了有关各类实体、实体间的联系以及描述它们性质的数据元素,统称数据对象。在概念结构设计阶段,首先要从以上对象确认出：系统有哪些实体,每个实体有哪些属性,哪些实体间存在联系,每一种联系有哪些属性,然后就可以做出系统的局部 E-R 模型和全局 E-R 模型。

从 E-R 模型中可以获得实体、实体间的联系等信息，但不能得到约束实体处理的业务规则。对模型中的每一个实体中的数据所进行的添加、修改和删除，应该符合预定的规则。特别是删除，往往包含着一些重要的业务规则。

例如，下面是学校图书管理系统中有关读者借阅图书的业务规则：

（1）借阅者必须持有图书馆所发的借书证，每张借书证的号码唯一。

（2）学生的借书数最高为 10 本，教职工为 20 本。

（3）学生的借书周期为 3 个月，教职工为 6 个月。

（4）一旦有图书超期，学生和教职工都不能再借阅任何图书。

（5）尚未全部归还图书的学生和教职工不能办理离校手续。

业务规则是在需求分析中得到的，需要反映在数据库模式和数据库应用程序中。

概念结构设计的最后一步，把全局概念模式提交评审。评审可分为用户评审和数据库管理员（Database Administrator，DBA）及设计人员评审两部分。用户评审的重点是确认全局概念模式是否准确完整地反映了用户的信息需求，以及现实世界事物属性间的固有联系；数据库管理员和设计人员的评审则侧重于确认全局概念模式是否完整，属性和实体的划分是否合理，是否存在冲突，以及各种文档是否齐全等。

概念结构设计阶段利用需求分析得到的数据流程图等进行工作，主要输出文档包括：

（1）系统各子部门的局部概念结构描述。

（2）系统全局概念结构描述。

（3）修改后的数据字典。

（4）概念模型应具有的业务规则。

与本阶段同步，对数据处理的同步分析应产生系统说明书，包括：新系统的要求、方案、概图和反映新系统信息流的数据流程图。

2.5　逻辑结构设计

视频讲解

数据库的逻辑结构设计是指将抽象的概念模型转化为与选用的 DBMS 产品所支持的数据模型相符合的逻辑模型，包括数据库模式和外模式，它是物理设计的基础。目前大多数 DBMS 都支持关系数据模型，所以数据库的逻辑设计，首先是将 E-R 模式转换为与其等价的关系模式。关系数据库的逻辑结构设计的一般步骤如图 2-4 所示。

从图 2-4 中可见，逻辑结构设计阶段主要有以下输入信息。

（1）概念结构设计阶段的输出信息：所有局部和全局概念模式，图中用 E-R 模型表示。

（2）处理需求是需求分析阶段产生的业务活动分析结果，包括用户需求、数据的使用频率和数据库的规模。

（3）DBMS 特性是特定的 DBMS 所支持的数据结构，如 RDBMS 的数据结构是二维表。

逻辑结构设计阶段需完成的任务有：

（1）将 E-R 模型转换为等价的关系模式。

（2）按需要对关系模式进行规范化。

（3）对规范化后的模式进行评价，并调整关系模式，使其满足性能、存储空间等方面的

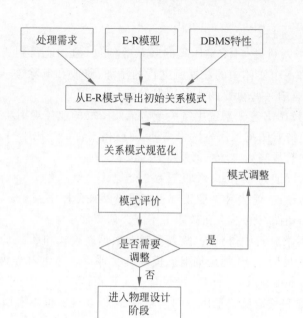

图 2-4　关系数据库的逻辑结构设计步骤

要求。

（4）根据局部应用的需要，设计用户外模式。

2.5.1　模式评价

模式评价可检查规范化后的关系模式是否满足用户的各种功能需求和性能需求，并确认需要修正的模式部分。

1. 功能评价

关系模式中，必须包含用户可能访问的所有属性。根据需求分析和概念结构设计文档，如果发现用户的某些应用不被支持，则应进行模式修正。在涉及多个模式的连接应用时，还应确保连接具有无损性。否则也应进行模式修正。

对于检查出有冗余的关系模式和属性，应分析产生的原因是为了提高查询效率或应用扩展的"有意冗余"，还是某种疏忽或错误造成的冗余。如果是后一种情况，应当予以修正。

问题的产生可能在逻辑设计阶段，也可能在概念设计或需求分析阶段。所以，有可能需要回溯到上两个阶段进行重新审查。

2. 性能评价

对数据库模式的性能评价是比较困难的，因为缺乏相应的评价手段。一般采用 LRA 评价技术对性能作以下估算，以提出改进意见。

LRA 是"Logical Record Access"（逻辑记录存取）的缩写，它主要用于估算数据库操纵的逻辑记录传送量及数据的存储空间。此算法是由美国密歇根大学的 T. Teorey 和 J. Fry 于 1980 年提出的。

2.5.2　逻辑模式的修正

修正逻辑模式的目的是改善数据库性能,节省存储空间。

在关系模式的规范化中,很少注意数据库的性能问题。一般认为,数据库的物理设计与数据库的性能关系更密切一些,事实上逻辑设计的好坏对数据库的性能也有很大的影响。除了性能评价提出的模式修正意见外,还可以考虑以下几方面。

1. 尽量减少连接运算

在数据库的操作中,连接运算的开销很大。参与连接的关系越多、越大,开销也越大。所以,对于一些常用的、性能要求比较高的数据查询,最好是单表操作。这又与规范化理论相矛盾。有时为了保证性能,不得不把规范化了的关系再连接起来,即反规范化。当然这将带来数据的冗余和潜在更新异常的发生,需要在数据库的物理设计和应用程序中加以控制。

2. 减少关系的大小和数据量

关系的大小对查询的速度影响也很大。有时为了提高查询速度,可把一个大关系从纵向或横向划分成多个小关系。

例如学生关系,可以把全校学生的数据放在一个关系中,也可以按系建立若干学生关系。前者可以方便全校学生的查询,而后者可以提高按系查询的速度。也可以按年份建立学生关系,如在一些学校的学生学籍成绩管理系统中,有在校学生关系和已毕业学生关系。这些都属于对关系的横向分割。

有时关系的属性太多,可对关系进行纵向分解,将常用和不常用的属性分别放在不同的关系中,以提高查询关系的速度。

3. 选择属性的数据类型

关系中的每一属性都要求有一定的数据类型。为属性选择合适的数据类型不但可以提高数据的完整性,还可以提高数据库的性能,节省系统的存储空间。

(1) 使用变长数据类型。当数据库设计人员和用户不能确定一个属性中数据的实际长度时,可使用变长的数据类型。使用这个数据类型,系统能够自动地根据数据的长度确定数据的存储空间,大大提高存储效率。

(2) 预期属性值的最大长度。在关系的设计中,必须能预期属性值的最大长度,只有知道数据的最大长度,才能为数据制定最有效的数据类型。

例如,在 SQL Server 中若关系的某一属性表示人的年龄,可以为该属性选择 Tinyint 类型(2 字节);而如果属性表示书的页数,就可选择 Smallint(4 字节)类型。

(3) 使用用户定义的数据类型。如果使用的 DBMS 支持用户定义数据类型,则利用它可以更好地提高系统性能。因为这些类型是专门为特定的数据设计的,能够更有效地提高存储效率,保证数据安全。

2.5.3　设计用户模式

外模式也叫子模式,是用户可以直接访问的数据模式。同一系统中,不同用户可以有不同的外模式。外模式来自逻辑模式,但在结构和形式上可以不同于逻辑模式,所以它不是逻辑模式简单的子集。

外模式的作用主要有:通过外模式对逻辑模式变化的屏蔽,为应用程序提供了一定的逻辑独立性;可以更好地适应不同用户对数据的需求;为用户划定了访问数据的范围,有利于保证数据的安全性等。

在现有的各商业关系数据库管理系统(Relational Database Management System, RDBMS)中,都提供了视图的功能。利用这一功能设计更符合局部用户需要的视图,再加上与局部用户有关的基本表,就形成了用户的外模式。在设计外模式时,可参照局部 E-R 模型,因为 E-R 模型本来就是用户对数据需求的反映。

与设计用户外模式阶段同步,对数据处理的同步分析应产生系统结构图。

视频讲解

2.6 物理结构设计

数据库的物理结构设计是逻辑模型在计算机中的具体实现方案。数据库物理结构设计阶段将根据具体计算机系统(DBMS 与硬件等)的特点,为确定的数据模型确定合理的存储结构和存取方法。

设计数据库物理结构,设计人员必须充分了解所用 DBMS 的内部特征;充分了解数据库的应用环境,特别是数据库应用处理的频率和响应时间的要求;充分了解外存储设备的特性。数据库物理结构设计的环境如图 2-5 所示。

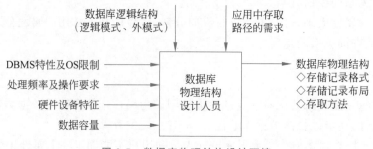

图 2-5　数据库物理结构设计环境

数据库物理结构主要由存储记录结构、存储记录的布局及访问路径(存取方法)等构成。

2.6.1　存储记录结构设计

存储记录结构包括记录的组成、数据项的类型、长度和数据项间的联系,以及逻辑记录到存储记录的映射。

在设计记录的存储结构时,数据库的逻辑结构并不改变,但可以在物理上对记录进行分割。数据库中数据项的被访问频率是很不均匀的,基本上符合公认的"80%20%规则",即从数据库中检索的 80% 的数据由其中的 20% 的数据项组成。

当多个用户同时访问常用数据项时,会因访盘冲突而等待。如果将这些数据分布在不同的磁盘组上,当用户同时访问时,系统便可并行地执行 I/O,减少访盘冲突,提高数据库的性能。所以对于常用关系,最好将其水平分割成多个裂片,分布到多个磁盘组上,以均衡各个磁盘组的负荷,发挥多磁盘组并行操作的优势。

目前,数据库系统一般都拥有多个磁盘驱动器,如现在使用较多的廉价冗余磁盘阵列(Redundant Arrays of Independent Disks,RAID)。数据在多个磁盘组上的分布叫作分区设计。利用分区设计,可以减少磁盘访问冲突,均衡 I/O 负荷,提高 I/O 的并行性。

所以,数据库的性能不但取决于数据库的设计,还与数据库系统的运行环境有关,例如,系统是多用户还是单用户,数据库的存储是在单个磁盘上还是磁盘组上等。

2.6.2 存储记录布局

存储记录的布局,就是确定数据的存放位置。存储记录作为一个整体,如何分布在物理区域上,是数据库物理结构设计的重要一环。

聚簇功能可以大大提高按聚簇码进行查询的效率。例如,有一职工关系,现要查询1970 年出生的职工(假设全部职工元组为 10 000 个,分布在 100 个物理块中。其中 1970 年出生的职工有 100 个)。考虑以下几种情况。

(1) 设属性“出生年月”上没有建任何索引,100 个 1970 年出生的职工就分布在 100 个物理块中(这是最极端的情况,但很有可能)。系统在做此类查询时需要:

① 扫描全表,访问数据需要 100 次 I/O,因为每访问一个物理块需要进行一次 I/O操作。

② 对每一个元组需要比较出生年月的值。

(2) 设属性“出生年月”上建有一普通索引,100 个 1970 年出生的职工就分布在 100 个物理块中。查询时,即使不考虑访问索引的 I/O 次数,访问数据也要进行 100 次 I/O 操作。

(3) 设属性“出生年月”上建有一聚簇索引,100 个 1970 年出生的职工就分布在 $i(i \ll 100$,很可能就等于 1)个连续的物理块中,此时可以显著地减少访问磁盘 I/O 的次数。

聚簇功能不但可以用于单个关系,也适用于多个关系。设有职工表和部门表,其中部门号是两个表的公共属性。如果查询涉及两个表的连接操作,把部门号相同的职工元组和部门元组在物理上聚簇在一起,则可显著提高连接的速度。

任何事物都有两面性,聚簇对于某些特定的应用可以明显地提高性能,但对于与聚簇码无关的查询却毫无益处。相似地,当表中数据有插入、删除、修改时,关系中有些元组就被搬动后重新存储,所以建立聚簇的维护代价是很大的。

在以下情况下可以考虑建立聚簇:

(1) 聚簇码的值相对稳定,没有或很少需要进行修改。

(2) 表主要用于查询,并且通过聚簇码进行访问或连接是该表的主要应用。

(3) 对应每个聚簇码值的平均元组数不太多,也不太少。

2.6.3 存取方法的设计

存取方法是为存储在物理设备(通常是外存储器)上的数据提供存储和检索的能力。存取方法包括存储结构和检索机制两部分。存储结构限定了可能访问的路径和存储记录;检索机制定义了每个应用的访问路径。

存取方法是快速存取数据库中数据的技术。数据库系统是多用户共享系统,对同一个关系建立多条存取路径才能满足多用户的多种应用要求。为关系建立多种存取路径是数据库物理设计的另一个任务。

在数据库中建立存取路径最普遍的方法是建立索引。

索引是用于提高查询性能的，但它要牺牲额外的存储空间以提高更新维护代价。因此要根据用户需求和应用的需求来合理使用和设计索引。所以，正确地设计索引是比较困难的。

索引从物理上分为聚簇索引和普通索引。确定索引的一般顺序如下。

(1) 首先确定关系的存储结构，即记录的存放是无序的还是按某属性（或属性组）聚簇存放。这在 2.6.2 节已经讨论过，这里不再重复。

(2) 确定不宜建立索引的属性或表。凡是满足下列条件之一的，不宜建立索引：

① 太小的表。因为采用顺序扫描只需几次 I/O，不值得采用索引。

② 经常更新的属性或表。因为经常更新需要对索引进行维护，代价太大。

③ 属性值很少的表。例如"性别"，属性的可能值只有两个，平均起来，每个属性值对应一半的元组，加上索引的读取，不如全表扫描。

④ 过长的属性。在过长的属性上建立索引，索引所占的存储空间较大，有不利之处。

⑤ 一些特殊数据类型的属性。有些数据类型上的属性不宜建立索引，如大文本、多媒体数据等。

⑥ 不出现或很少出现在查询条件中的属性。

(3) 确定宜建立索引的属性。满足下列条件之一的，可以考虑在有关属性上建立索引：

① 关系的主码或外码一般应建立索引。因为数据进行更新时，系统将对主码和外码分别作唯一性和参照完整性的检查，建立索引可以加快系统的此类检查，并且可加速主码和外码的连接操作。

② 对于以查询为主或只读的表，可以多建索引。

③ 对于范围查询（即以 =、<、>、≤、≥ 等比较符确定查询范围），可在有关的属性上建立索引。

④ 使用聚集函数（MIN、MAX、AVG、SUM、COUNT）或需要排序输出的属性最好建立索引。

以上仅仅是建立索引的一些理由。一般地，索引还需在数据库运行测试后再加以调整。

视频讲解

🔑 2.7　数据库的实施

根据逻辑和物理设计的结果，在计算机上建立实际的数据库结构，并输入数据，进行试运行和评价的过程，叫作数据库的实施（或实现）。

2.7.1　建立实际的数据库结构

用 DBMS 提供的数据定义语言（Data Define Language，DDL）编写描述逻辑设计和物理设计结果的程序（一般称为数据库脚本程序），经计算机编译处理和执行后，就生成了实际的数据库结构。

在定义数据库结构时,应包含以下内容。

1. 数据库模式与子模式以及数据库空间等的描述

模式和子模式的描述主要是对表和视图的定义,其中应包括索引的定义。

使用不同的 DBMS,对数据库空间描述的差别较大。比如,在 Oracle 系统中,数据库逻辑结构的描述包括表空间(Tablespace)、段(Segment)、区间(Extent)和数据块(Data Block)。DBA 或设计人员通过对数据库空间的管理和分配,可控制数据库中数据的磁盘分配,将确定的空间份额分配给数据库用户,控制数据的可用性,并将数据存储在多台设备上,以提高数据库性能等。而在 SQL Server 中,数据库空间描述则简单得多,可以只定义数据库的大小、自动增长的比例以及数据库文件的存放位置。

2. 数据库完整性描述

数据的完整性,指数据的有效性、正确性和一致性。在数据库设计时,如果没有一定的措施确保数据库中数据的完整性,就无法从数据库中获得可信的数据。

数据库的完整性设计,应该贯穿在数据库设计的全过程中。例如,在数据库需求分析阶段,收集数据信息时,应该向有关用户调查该数据的有效值范围。

在模式与子模式中,可以用 DBMS 提供的 DDL 语句描述数据的完整性。虽然每一种商业 RDBMS 提供的 DDL 语句功能都有所不同,但一般都提供以下几种功能。

(1) 对表中列的约束,包括列的数据类型和对列值的约束。其中对列值的约束又有:

① 非空约束(NOT NULL);

② 唯一性约束(UNIQUE);

③ 主码约束(Primary Key);

④ 外码约束(Foreign Key);

⑤ 域(列值范围)的约束(如 18≤职工年龄≤65)。

(2) 对表的约束,主要有表级约束(多个属性之间的)和外码的约束。

(3) 多个表之间的数据一致性,主要是外码的定义。

(4) 对复杂的业务规则的约束。一些简单的业务规则可以定义在列和表的约束中,但对于复杂的业务规则,不同的 DBMS 有不同的处理方法。对数据库设计人员来说,可以采用以下几种方法。

① 利用 DBMS 提供的触发器等工具,定义在数据库结构中。

② 写入设计说明书,提示编程人员以代码的形式在应用程序中加以控制。

③ 写入用户使用手册,由用户来执行。

触发器是一个当预定事件在数据库中发生时,可被系统自动调用的 SQL 程序段。比如在学校学生成绩管理数据库中,如果一名学生退学,删除该学生记录时,应同时删除该学生在选课表中的记录,这时可以在学生表上定义一个删除触发器来实现这一规则。

在多数情况下,应尽可能让 DBMS 实现业务规则,因为 DBMS 对定义的规则只需编码一次。如果由应用程序实现,则应用程序的每一次应用都需编码,这将影响系统的运行效率,还可能存在施加规则的不一致性。如果由用户在操作时控制,是最不可靠的。

3. 数据库安全性描述

使用数据库系统的目的之一，就是实现数据的共享。因此，应从数据库设计的角度确保数据库的安全性。否则需要较高保密度的部门将会不愿意纳入数据库系统。

数据库安全性设计同数据库完整性设计一样，也应在数据库设计的各个阶段加以考虑。

在进行需求分析时，分析人员除了收集数据的信息及数据间联系的信息之外，还必须收集关于数据的安全性说明。例如，对于人事部门，人事档案中的有关数据，哪些只准哪类人员读取，哪些可由哪类人员修改或存入等。数据安全性说明都应该写入数据需求文档中。

在设计数据库逻辑结构时，对于保密级别高的数据，可以单独进行设计。子模式是实现安全性要求的一个重要手段，因此可以为不同的应用设计不同的子模式。

在数据操纵上，系统可以对用户的数据操纵进行两方面的控制：一是给合法用户授权。目前主要有身份验证和口令识别。二是给合法用户不同的存取权限。

4. 数据库物理存储参数描述

物理存储参数因 DBMS 的不同而不同。一般可设置以下参数：块大小、页面大小（字节数或块数）、数据库的页面数、缓冲区个数、缓冲区大小、用户数等。

2.7.2　数据加载

数据库应用程序的设计应该与数据库设计同时进行。一般地，应用程序的设计应该包括数据库加载程序的设计。

在数据加载前，必须对数据进行整理。由于用户缺乏计算机应用背景的知识，常常不了解数据的准确性对数据库系统正常运行的重要性，因而未对提供的数据作严格的检查。所以，数据加载前，要建立严格的数据登录、录入和校验规范，设计完善的数据校验与校正程序，排除不合格数据。

数据加载分为手工录入和使用数据转换工具两种。现有的 DBMS 都提供了 DBMS 之间数据转换的工具。如果用户原来就使用了数据库系统，可以利用新系统的数据转换工具先将原系统中的表转换成新系统中相同结构的临时表，然后对临时表中的数据进行处理后插入相应表中。

数据加载是一项费时费力的工作。另外，由于还需要对数据库系统进行联合调试，所以大部分的数据加载工作应在数据库的试运行和评价工作中分批进行。

2.7.3　数据库试运行和评价

当加载了部分必需的数据和应用程序后，就可以开始对数据库系统进行联合调试，称为数据库的试运行。一般将数据库的试运行和评价结合起来，目的是：

（1）测试应用程序的功能。

（2）测试数据库的运行效率是否达到设计目标，是否为用户所容忍。

数据库测试的目的是发现问题，而不是为了说明能达到哪些功能。所以，测试中一定要有非设计人员的参与。

　　数据库系统的评价比较困难，需要估算不同存取方法的 CPU 服务时间及 I/O 服务时间。为此，一般还是从实际试运行中进行评估，确认其功能和性能是否满足设计要求，对空间占有率和时间响应是否满意等。

　　最后由用户直接进行测试，并提出改进意见。测试数据应尽可能地覆盖现实应用的各种情况。

　　数据库设计人员应综合各方的评价和测试意见，返回到前面适当的阶段，对数据库和应用程序进行适当的修改。

2.8　数据库的运行和维护

视频讲解

　　只有数据库顺利地进行了实施，才可将系统交付使用。数据库一旦投入运行，就标志着数据库维护工作的开始。数据库维护工作主要有以下内容：对数据库性能的检测和改善、数据库的备份及故障恢复、数据库的重组和重构。在数据库运行阶段，对数据库的维护主要由 DBA 完成。

1. 对数据库性能的检测和改善

　　性能可以用处理一个事务的 I/O 量、CPU 时间和系统响应时间来度量。

　　由于数据库应用环境、物理存储的变化，特别是用户数和数据量的不断增加，数据库系统的运行性能会发生变化。某些数据库结构（如数据页和索引）经过一段时间的使用以后，可能会被破坏。所以，DBA 必须利用系统提供的性能检测和分析工具，经常对数据库的运行、存储空间及响应时间进行分析，结合用户的反映确定改进措施。

2. 数据库的备份及故障恢复

　　数据库是企业的一种资源，所以，在数据库设计阶段，DBA 应根据应用要求，制订不同的备份方案，保证一旦发生故障，能很快将数据库恢复到某种一致性状态，尽量减少损失。

　　数据库的备份及故障恢复方案，一般基于 DBMS 提供的恢复手段。

3. 数据库的重组和重构

　　数据库运行一段时间后，由于记录的增添、删减、修改，数据库物理存储碎片记录链过多，会影响数据库的存储效率。这时，需要对数据库进行重组或部分重组。数据库的重组是指在不改变数据库逻辑和物理结构的情况下，删除数据库存储文件中的废弃空间以及碎片空间中的指针链，使数据库记录在物理上紧连。

　　一般地，数据库重组属于 DBMS 的固有功能。有的 DBMS 系统为了节省空间，每做一次删除操作后就进行自动重组，这会影响系统的运行速度。更常用的方法是，在后台或所有用户离线以后（例如夜间）进行系统重组。

　　数据库的重构是指数据库的逻辑结构不能满足当前数据处理的要求时，对数据库的模式和内模式的修改。

　　由于数据库重构的困难和复杂性，对数据库的重构一般都在迫不得已的情况下才进行，如应用需求发生了变化，需要增加新的应用或实体或者取消某些应用或实体。例如，表的增删、表中数据项的增删、数据库项类型的变化等。

重构数据库后，还需要修改相应的应用程序。并且重构也只能对部分数据库结构进行。一旦应用需求变化太大，就需要对全部数据库结构进行重组，说明该数据库系统的生命周期已经结束，需要设计新的数据库应用系统。

第 3 章

数据库课程设计规范

CHAPTER 3

视频讲解

加强原创性、引领性科技攻关，坚决打赢关键核心技术攻坚战。科技立则民族立，科技强则国家强。加强基础研究是科技自立自强的必然要求，是我们从未知到已知、从不确定性到确定性的必然选择。

——习近平总书记 2021 年 5 月 28 日在中国科学院第二十次院士大会、中国工程院第十五次院士大会和中国科学技术协会第十次全国代表大会上的讲话

🔑 3.1　课程设计目标

学生通过本课程的学习,应达到以下几个目标。

目标 1:能根据设计任务,进行相关文献检索,对实际复杂问题能提炼出需要具备的主要技术能力。进行需求分析,了解系统的需求及业务流程,形成需求分析文档。

目标 2:能基于需求分析,使用数据库设计理论和设计工具,完成设计报告,并对自己在此过程中的工作情况形成个人总结。

目标 3:在团队合作开发中,能按照分工合作的要求,使用开发工具完成自己需承担的工作任务,能与团队成员充分交换意见和建议,合作完成数据库应用系统的开发,并完成项目答辩。

🔑 3.2　课程设计的内容及要求

以 MySQL(或 SQL Server、Oracle)为后台数据库,选择一种前台开发工具,完成一个小型数据库应用系统的设计开发。要求学生两三人一组,每组从以下系统中选择一个课题(以下是传统意义上的课题)或自拟课题,完成系统分析、设计、开发和测试。每组设组长一名,组内成员分工明确、各司其职。

(1) 网上书店管理系统;

(2) 学生选课管理系统;

(3) 学生宿舍管理系统;

(4) 饭卡管理系统;

(5) 学生社团管理系统;

(6) 在线考试系统;

(7) 个人信息助理。

要求:

(1) 数据库结构不能只有一张表,这种情况会要求重做。

(2) 数据库结构如果很不合理,会要求修改。

(3) 界面设计要按用户的工作方式来设计,方便用户的操作,如果很不合理,会要求修改。

(4) 重要的功能如果没有实现或者很不合理,会要求修改。

要提交的结果:

(1) 每个小组提交以下两份报告:

① 总体设计报告

包括系统的需求分析和总体功能规划及任务划分,要求给出较为详细的系统结构图,并对各个功能模块加以描述,再根据模块划分给出任务安排。

② 数据库结构设计报告

画出 E-R 图表示的概念模型,将概念模型转化为至少满足 3NF 的关系模式,指出关系模式的主码和外码。

（2）每位同学提交一份详细设计报告，内容有：

① 详细设计，包括各个功能模块的总体流程描述，并给出实现相应功能的 SQL 语句。

② 测试中发现的问题以及解决的方法。

③ 写出收获和体会，包括进一步完善的设想与建议。

因为每名成员承担的具体任务不同，详细设计报告需写清楚各人承担的任务。

（3）以项目组为单位演示，组长总体介绍，各成员分别演示自己承担的那部分功能，并回答教师提出的问题。

3.3　课程设计步骤

1. 总体设计

包括系统的需求分析和总体功能规划及任务划分，要求给出较为详细的系统结构图，并对各个功能模块加以描述，再根据模块划分给出任务安排。

对整个应用情况作全面、详细的调查，确定特定数据库应用环境下的设计目标，收集该应用环境下针对系统设计所需要的基础数据以及这些数据的具体存储要求，从而确定用户的需求。

方式：线上资源自学。

结果：提交总体设计报告。

2. 数据库结构设计

画出 E-R 图表示的概念模型，将概念模型转化为至少满足 3NF 的关系模式，指出关系模式的主码和外码。

在需求分析的基础上，利用与用户双方都能理解的形式，设计出数据库的概念模型。将概念设计阶段设计好的 E-R 图转换成与具体机器上的 DBMS（如 MySQL）所支持的数据模型（如关系模型）相符合的逻辑结构。

方式：线上资源自学。

结果：提交数据库结构设计报告。

3. 详细设计

包括各个功能模块的总体流程描述，并给出实现相应功能的 SQL 语句。测试中发现的问题以及解决的方法。写出收获和体会，包括进一步完善的设想与建议。

理解软件开发过程中所涉及的开发活动，并能够对各项活动做出开发计划。

通过项目的设计和开发，掌握基本的软件开发方法。熟练使用一种数据库应用开发工具。

方式：开发并测试系统。

结果：提交详细设计报告。

4. 项目答辩

以项目组为单位演示，组长总体介绍，各成员分别演示自己承担的那部分功能，并回答教师提出的问题。

先由组长介绍系统，演示主要功能，然后各组员对自己负责的模块，回答跟代码有关的问题，答辩通过后由组长提交答辩记录表。

方式：现场演示答辩。

结果：提交答辩记录表，如表 3-1 所示。

表 3-1　课程设计项目的答辩记录

组长		组员		班级	
课程设计项目题目				评分教师	
答辩过程记录					

时间安排：

第 3 周前：学习委员提交分组名单，每个小组确定一个组长。

第 6 周前：各小组组长提交总体设计报告。

第 8 周前：各小组组长提交数据库结构设计报告。

第 10～15 周：各位同学演示系统并提交详细设计报告。演示时必须人人到场。

注意：文档提交电子版。

3.4　成绩评定方法

评分标准：

(1) 分数比例：总体设计(10%)，数据库结构设计(10%)，详细设计(10%)，测试中发现的问题以及解决的方法(5%)，收获和体会(5%)，验收演示(60%)。

(2) 总体设计和数据库结构设计的得分各小组成员相同，在总体设计中应给出各成员负责的模块，其余部分根据各人的任务单独给分。

考核项目(总体设计、数据库结构设计、详细设计、项目答辩)的评分量表如表 3-2 所示。

表 3-2　课程设计项目的评分量表

学号			姓名		班级		等级得分	百分制得分
课程设计项目题目					评分教师			
评价要素	评价标准							
总体设计 (100 分)	包括系统的需求分析和总体功能规划及任务划分,要求给出较为详细的系统结构图,并对各个功能模块加以描述,再根据模块划分给出任务安排。 A(90～100 分):系统结构非常清晰,功能模块描述详细。 B(80～89 分):系统结构比较清晰,功能模块描述比较详细。 C(60～79 分):系统结构不够清晰,功能模块描述不够详细。 D(0～59 分):系统结构不清晰,功能模块描述不详细							
数据库结构设计 (100 分)	画出 E-R 图表示的概念模型,将概念模型转化为至少满足 3NF 的关系模式,指出关系模式的主码和外码。 A(90～100 分):概念模型完全正确,各关系模式都符合 3NF。 B(80～89 分):概念模型大部分正确,关系模式大都符合 3NF。 C(60～79 分):概念模型错误较多,部分关系模式不符合 3NF。 D(0～59 分):概念模型错误多,大部分关系模式都不符合 3NF							
详细设计(100 分)	详细设计,包括各个功能模块的总体流程描述,并给出实现相应功能的 SQL 语句;测试中发现的问题以及解决的方法;写出收获和体会,包括进一步完善的设想与建议。 A(90～100 分):功能模块的流程描述清晰,测试中的问题描述详细,收获和体会具体真实。 B(80～89 分):功能模块的流程描述比较清晰,测试中的问题描述比较详细,收获和体会比较具体真实。 C(60～79 分):功能模块的流程描述不够清晰,测试中的问题描述不够详细,收获和体会不够具体真实。 D(0～59 分):功能模块的流程描述不清晰,测试中的问题描述不详细,收获和体会不具体真实							
项目答辩(100 分)	以项目组为单位演示,组长总体介绍,各成员分别演示自己承担的那部分功能,并回答教师提出的问题。 A(90～100 分):数据库结构很合理,系统功能很完善,对代码的讲解很清晰,能正确回答教师提出的问题。 B(80～89 分):数据库结构比较合理,系统功能比较完善,对代码的讲解比较清晰,对教师提出的大部分问题都能正确回答。 C(60～79 分):数据库结构基本合理,系统功能基本完善,对代码的讲解不够清晰,对教师提出的问题只能正确回答一部分。 D(0～59 分):数据库结构不够合理,系统功能不够完善,对代码的讲解不清晰,对教师提出的问题大部分都不能正确回答					教师评分		
						组长评分		
总评成绩＝总体设计×0.1＋数据库结构设计×0.1＋详细设计×0.2＋项目答辩(教师评分×0.6＋组长评分×0.4)×0.6								
评分教师(组长)	项目验收通过( ) 项目验收不通过( ) 评分组长签名:　　　　　　　　　　　　评分教师签名:							

注:百分制评价综合得分低于 60 分者为不通过。

3.5 技术体系参考

1. 前端技术

Web 是必学的。在初步会使用 CSS 和 JavaScript 的基础上(这两种编程语言还不会的同学上菜鸟教程)，重点学习 Bootstrap 和 jQuery。

2. 后端技术

(1) 学习 SpringMVC。

学习了 SpringMVC 后，要做一个选择：系统要不要前后端分离。

如果不做前后端分离，那么技术体系是 Bootstrap＋jQuery＋SpringMVC＋JDBC。

如果做前后端分离，那么技术体系有多种可能：

① Bootstrap＋Ajax(基于 jQuery)＋SpringMVC＋JDBC。

② 微信小程序＋SpringMVC＋JDBC。

微信小程序可跟着以下在线视频学习：

http://www.xuetangx.com/courses/course-v1:TsinghuaX＋2018032801X＋2018_T1/about。

③ Android＋SpringMVC＋JDBC。

(2) 学有余力的读者可以继续向前，还可以学习一下 MyBatis，但 Spring＋SpringMVC＋MyBatis 的整合有些麻烦。

第 **4** 章

微信云开发

CHAPTER **4**

当今世界，新一轮科技革命和产业变革加速推进，以大数据、云计算、互联网、物联网、虚拟现实、量子信息、区块链、人工智能等为代表的新一代信息技术突飞猛进、广泛应用，数字经济以不可阻挡之势破茧而出、强势崛起，迅速从微观经济现象转变为宏观经济现象，极大地改变了人类生产生活方式和社会治理方式，成为"重组全球要素资源、重塑全球经济结构、改变全球竞争格局的关键力量"。

——许先春《习近平关于发展我国数字经济的战略思考》

4.1　云开发介绍

云开发(CloudBase)是微信团队联合腾讯云提供的原生 ServerLess 云服务,致力于帮助更多的开发者快速实现小程序业务的开发,实现快速迭代。其免去了移动应用构建中烦琐的服务器搭建和运维。同时云开发提供的静态托管、命令行工具(简称 CLI)、Flutter SDK 等能力降低了应用开发的门槛。使用云开发可以构建完整的小程序/小游戏、H5、Web、移动 App 等应用。它包括了云函数、云数据库、云存储和云调用四个核心能力。其中,微信云开发数据库是一种基于 NoSQL 的数据库服务,它提供了方便易用的接口和功能,用于存储和管理小程序的数据。

4.1.1　云开发能力

(1) 云存储:在小程序端直接上传或者下载云端文件,进行可视化的管理。

(2) 云函数:在云端运行的代码,享有微信私有天然鉴权,开发者只需要编写自身的业务逻辑代码。

(3) 云数据库:一个既可以在小程序前端操作,又可以在云函数中读写的 JSON 型数据库。

4.1.2　云开发与传统开发模式的对比

传统开发模式如图 4-1 所示。

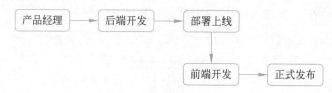

图 4-1　传统开发模式

云开发模式如图 4-2 所示。

图 4-2　云开发模式

传统开发模式与云开发模式对比如图 4-3 所示。

具体从效率、成本、生态、运维、速度方面的对比如表 4-1 所示。

表 4-1　云开发和传统开发的几方面对比

	云　开　发	传　统　开　发
效率	只关心业务逻辑,效率更高	需要关注非业务逻辑,效率难以提升
成本	按需付费,提供免费额度	前期需要预付大量的成本
生态	原生集成微信 SDK	自行开发产品逻辑
运维	底层由腾讯云提供专业支持	自行维护运行系统,运维难度大
速度	前端一站式解决,快速发布	前后端联网,上线流程长

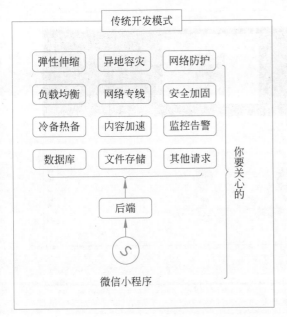
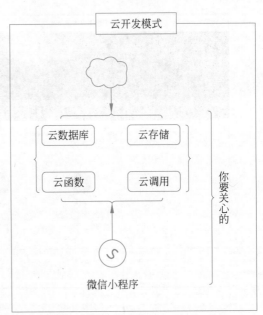

图 4-3　传统开发模式与云开发模式对比

4.1.3　云开发对小程序开发的变革

云开发对小程序开发的变革体现在以下几点。

（1）一天一交付，一天多交付成为可能。云开发的模式可以帮助开发者快速迭代产品，一天多次交付成为可能。

（2）小团队能做大事情。云开发的模式简单易懂，小的团队也可以借助云计算的能力，做一些更大的事情。

（3）弹性成本几乎为 0。所有的资源都由服务方来管理，团队只需要关注业务逻辑本身。

4.2　使用云开发的开发流程

视频讲解

（1）注册小程序账号。打开微信公众平台，如图 4-4 所示。

如实填写注册账号即可，如图 4-5 所示。

（2）安装微信开发者工具，如图 4-6 和图 4-7 所示。

（3）推荐下载稳定版，下载扫码登录打开后新建项目，使用云开发，如图 4-8 所示。

注意这里所要填写的 AppID 是注册所获得的 AppID，打开开发管理里面的开发设置即可获取，如图 4-9 所示。

（4）打开云开发面板，如图 4-10 和图 4-11 所示。

（5）项目配置云服务并初始化。

在 app.js 文件中配置环境 ID。

图 4-4　微信公众平台

图 4-5　注册账号

图 4-6　安装微信开发者工具 1

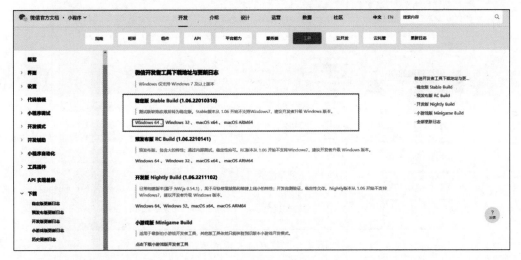

图 4-7 安装微信开发者工具 2

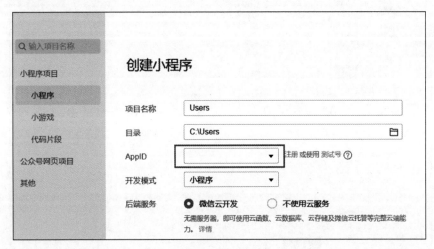

图 4-8 新建项目

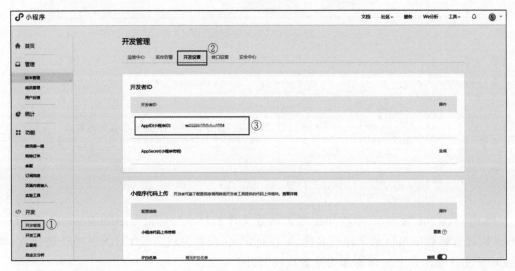

图 4-9 APP ID

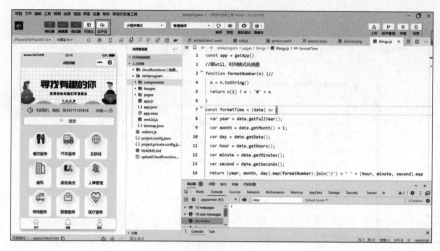

图 4-10　打开云开发面板

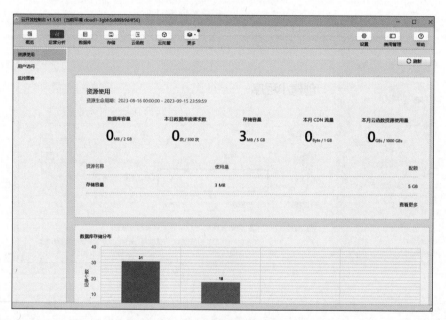

图 4-11　云开发面板

```
1.  // app.js
2.  App({
3.    onLaunch() {
4.      wx.cloud.init({
5.        env:"***************",//配置环境 ID,在云服务控制台右上角可获取
6.        traceUser:true              //是否将用户访问记录到用户管理中,在云开发控制台可见
7.      })
8.    }
9.  })
```

在 project.config.json 中增加配置云函数文件根目录"cloudfunctionRoot"："cloud/"，cloud 代表云函数的根目录文件夹名称，可以自定义，配置完成后按 Ctrl＋S 组合键保存，看到 cloud 文件夹出现云的标志即为配置成功，如图 4-12 所示。

```
≡ 🔖 ← → {..} project.config.json > {} setting > useStaticServer
 1  {
 2      "miniprogramRoot": "miniprogram/",
 3      "cloudfunctionRoot": "cloudfunctions/",
 4      "setting": {
 5          "urlCheck": true,
 6          "es6": true,
 7          "enhance": true,
 8          "postcss": true,
 9          "preloadBackgroundData": false,
10          "minified": true,
11          "newFeature": true,
12          "coverView": true,
13          "nodeModules": false,
14          "autoAudits": false,
```

图 4-12　成功配置

视频讲解

🔍 4.3　云函数

4.3.1　云函数的介绍

云函数属于管理端,在云函数中运行的代码拥有不受限制的数据库读写权限和云文件读写权限。注意,云函数运行环境即管理端,与云函数中传入的 openid 对应的微信用户是否是小程序的管理员、开发者无关。云函数返回数据条数上限为 100 条,运行在云端 Node.js 环境中,普通请求返回条数上限为 20 条且运行在小程序本地。

4.3.2　云函数的使用

(1) 选中 cloud 文件夹,右击选择"新建 Node.js 云函数"命令,如图 4-13 所示。

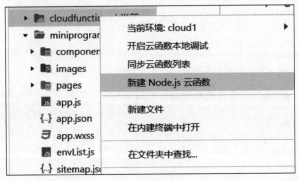

图 4-13　新建 Node.js 云函数

新建一个 getData 云函数，如图 4-14 所示。

图 4-14　新建 getData 云函数

（2）云函数获取 openid。

① 传统写法：success 和 fail，可以获取 openid，在数据页面的 js 文件中写入如下代码。

```
1.   Page({
2.    /**
3.     * 生命周期函数 -- 监听页面加载
4.     */
5.    onLoad: function (options) { //云函数的调用
6.      let that = this
7.      wx.cloud.callFunction({
8.        name:'getData',
9.        success(res){
10.         that.setData({
11.           openid:res.result.openid
12.         })
13.         console.log("请求云函数成功",res)
14.       },
15.       fail(err){
16.         console.log("请求云函数失败",err)
17.       }
18.     })
19.   }
20.  })
```

② 箭头函数的写法。

```
1.   Page({
2.    /**
3.     * 生命周期函数 -- 监听页面加载
4.     */
5.    onLoad: function (options) { //云函数的调用
6.      wx.cloud.callFunction({
7.        name:'getData',
8.      })
9.      .then(res =>{
10.       this.setData({
11.         openid:res.result.openid
12.       })
13.       console.log("请求云函数成功",res)
14.     })
15.     .catch(res =>{
16.       console.log("请求云函数失败",err)
17.     })
18.   }
19.  })
```

（3）云函数中声明使用的云环境。

方法一：不提倡直接写环境名。

```
1.  cloud.init({
2.    env:'************'  //云开发环境 id
3.  })
```

方法二：用变量~~~~~~~~~~~~~~~~~~API 默认环境为当前所在环境。

~~~~~~~~~~~~~~~~~云开发环境 id

~~~~~~~~~~~~（上传云端）才能正常运行。上传方法：选中云
函数~~~~~~~~~~~~~~~~~：云端安装依赖（不上传 node_modules）"，如
图 4-~~~

图 4-16 数据批量导出 1

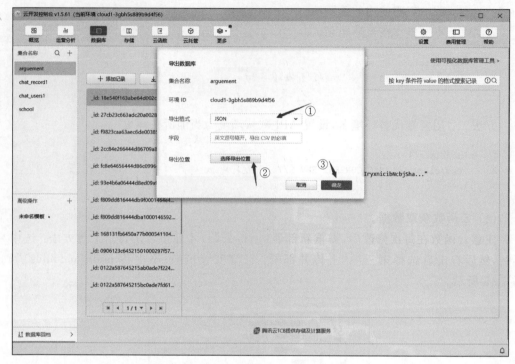

图 4-17　数据批量导出 2

② 导入。

json 格式文件可以直接用记事本写入，如图 4-18 所示。

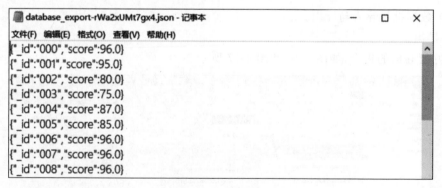

图 4-18　在记事本写入数据

直接将记事本中的数据导入，如图 4-19 和图 4-20 所示。

(6) 云函数请求数据和本地请求数据区别：

① 云函数请求数据默认上限为 100 条，本地请求数据默认上限为 20 条。

案例：查询 num 表中内容(num 表中有 100 多条数据)。

使用云函数页面的 js 文件中对应代码：

```
1.  Page({
2.   /**
3.    * 生命周期函数 -- 监听页面加载
```

```
4.        */
5.    onLoad: function (options) {
6.        //云函数的调用
7.        wx.cloud.callFunction({
8.            name:'getData',
9.        })
10.       .then(res =>{
11.           console.log("请求云函数成功",res)
12.       })
13.       .catch(err =>{
14.           console.log("请求云函数失败",err)
15.       })
16.       //本地获取数据
17.       wx.cloud.database().collection('num').get()
18.       .then(res =>{
19.           console.log("本地请求数据成功",res)
20.       })
21.       .catch(err =>{
22.           console.log("本地请求数据失败",err)
23.       })
24.   }
25.   })
```

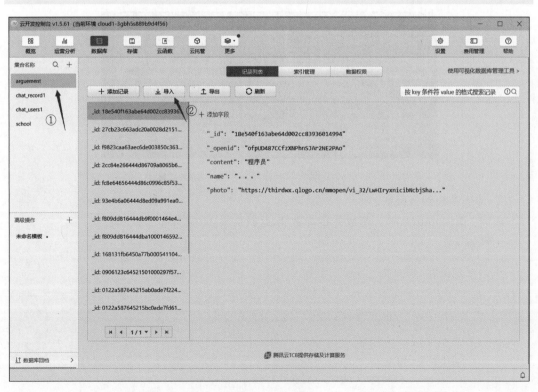

图 4-19　导入数据 1

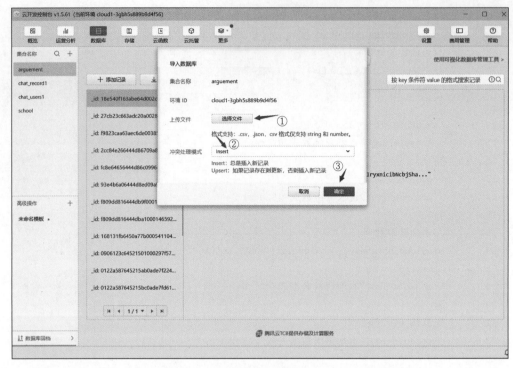

图 4-20　导入数据 2

① 运行结果如图 4-21 所示。

图 4-21　运行结果 1

② 传递参数到云函数。

案例：调用 autoAdd 云函数并传参数 1，返回结果 11 并打印到控制台上。

代码如下：

```
1.  // 云函数入口文件
2.  const cloud = require('wx – server – sdk')
3.  cloud.init({
4.    env:cloud.DYNAMIC_CURRENT_ENV  //云开发环境 id
5.  })
6.
7.  // 云函数入口函数
8.  exports.main = async (event, context) => {
9.    return event.num + 10
```

```
10.    }
11.
12.    Page({
13.      onLoad: function (options) {
14.        wx.cloud.callFunction({
15.          name:'autoAdd',
16.          data:{
17.            num:1
18.          }
19.        })
20.        .then(res =>{
21.          console.log("自增成功,结果为: ",res)
22.        })
23.        .catch(err =>{
24.          console.log("自增失败: ",err)
25.        })
26.      }
27.    })
```

运行结果如图 4-22 所示。

图 4-22　运行结果 2

（7）云函数修改数据。

本地代码更新云数据库中的数据,只能修改自己创建的数据,而云函数修改权限较大,可以直接修改云数据库中的数据。

案例：在知道学生 id 情况下,手动输入想要修改的成绩,并更新云数据库中内容。

```
1.    // 云函数入口文件
2.    const cloud = require('wx-server-sdk')
3.
4.    cloud.init({
5.      env:cloud.DYNAMIC_CURRENT_ENV   //云开发环境 id
6.    })
7.
8.    // 云函数入口函数 通过 event 参数携带数据
9.    exports.main = async (event, context) => {
10.      return cloud.database().collection('num').doc(event.id)
11.      .update({
12.        data:{
13.          score:event.score
14.        }
```

```
15.        })
16.    }
17.    <!-- pages/demo05/demo05.wxml -->
18.    <view> ID: {{stu._id}} 成绩: {{stu.score}}</view>
19.    更新学生成绩:
20.    <input bindinput = "getNewScore"></input>
21.    <button bindtap = "updateStu" type = "primary">修改记录</button>
22.
23.    let score = 0
24.    let id = ''
25.    Page({
26.      data: {
27.        stu:{}
28.      },
29.      onLoad: function (options) {
30.        id = options.id,
31.        this.getItemDetail()
32.      },
33.      getItemDetail(){
34.        wx.cloud.database().collection('num').doc(id).get()
35.        .then( res =>{
36.          console.log("商品详情页请求成功",res)
37.          this.setData({
38.            stu:res.data
39.          })
40.        })
41.        .catch( err =>{
42.          console.log('商品详情页请求失败',err)
43.        })
44.      },
45.
46.      //获取待更新的成绩信息
47.      getNewScore(e){
48.        score = e.detail.value
49.      },
50.      updateStu(){
51.        console.log(score)
52.        if(score == ''){
53.          wx.showToast({
54.            icon:'none',
55.            title: '更新成绩为空了',
56.          })
57.        }else{
58.          //云函数的调用
59.          wx.cloud.callFunction({
60.            name:'updata',
61.            data:{   //云函数中传递的参数
62.              id:id,
63.              score:score
64.            }
65.          })
66.          .then(res =>{
67.            console.log("云函数记录更新成功",res),
68.            this.getItemDetail()
```

```
69.      })
70.      .catch(err =>{
71.        console.log("云函数记录更新失败",err)
72.      })
73.    }
74.  }
75.  })
```

4.3.3　云函数中的 Promise

在云函数中,Promise 是一种常用的处理异步操作的方法。使用 Promise 可以更方便地处理异步任务的结果、错误和状态。

在云函数中,可以通过以下步骤使用 Promise。

(1) 创建 Promise 对象:使用 new 关键字创建一个 Promise 对象,并传入一个执行器函数。执行器函数接收两个参数,resolve 和 reject,分别用于处理成功和失败的情况。

```
1.  const myPromise = new Promise((resolve, reject) => {
2.    // 异步操作
3.    // 如果操作成功,调用 resolve
4.    // 如果操作失败,调用 reject
5.  });
```

(2) 执行异步操作:在 Promise 对象的执行器函数中,执行异步操作。可以是调用其他异步函数、发送网络请求或者读写文件等。

```
1.  const myPromise = new Promise((resolve, reject) => {
2.    // 异步操作
3.    setTimeout(() => {
4.      // 模拟异步操作成功
5.      resolve('操作成功');
6.
7.      // 模拟异步操作失败
8.      // reject('操作失败');
9.    }, 1000);
10. });
```

(3) 处理结果:通过调用 Promise 对象的 then 方法,可以注册一个回调函数来处理异步操作成功的结果。

```
1.  myPromise.then((result) => {
2.    console.log(result);  // 输出:操作成功
3.  });
```

(4) 处理错误:通过调用 Promise 对象的 catch 方法,可以注册一个回调函数来处理异步操作失败的情况。

```
1.  myPromise.catch((error) => {
2.    console.error(error);  // 输出:操作失败
3.  });
```

视频讲解

4.4　云数据库

4.4.1　云数据库介绍

云数据库提供高性能的数据库写入和查询服务。通过腾讯云开发(Tencent CloudBase,TCB)的 SDK,可以直接在客户端对数据进行读写,也可以在云函数中读写数据,还可以通过控制台对数据进行可视化的增、删、查、改等操作。微信小程序云开发所使用的数据库本质上就是 MongoDB 数据库。MongoDB 数据库是介于关系数据库和非关系数据库之间的产品,是非关系数据库中功能最丰富、最像关系数据库的。

(1) 数据库：默认情况下,云开发的函数可以使用当前环境对应的数据库。可以根据需要使用不同的数据库。对应 MySQL 中的数据库。

(2) 集合：数据库中多个记录的集合。对应 MySQL 中的表。

(3) 文档：数据库中的一条记录。对应 MySQL 中的行。

(4) 字段：数据库中特定记录的值。对应 MySQL 中的列。

(5) 数据类型：

string：字符串。number：数字。object：对象。array：数组。bool：布尔值。date：时间。geo：多种地理位置类型。

微信云开发数据库的主要特点和功能包括以下几点。

(1) 无须搭建服务器：使用微信云开发数据库,开发者无须自行搭建和维护服务器,只需在小程序中进行简单的配置和调用即可使用数据库服务。

(2) 实时同步：微信云开发数据库支持实时同步功能,即当数据库中的数据发生变化时,小程序中的数据也会实时更新,保持数据的一致性。

(3) 安全可靠：微信云开发数据库提供了数据的访问控制和权限管理功能,开发者可以根据需要设置数据的读写权限,确保数据的安全性。

(4) 灵活的数据模型：微信云开发数据库采用了文档型数据库的数据模型,支持存储和查询复杂的数据结构,如嵌套数组和对象等。

(5) 强大的查询功能：微信云开发数据库支持丰富的查询功能,包括等值查询、范围查询、排序、分页等,可以满足不同场景下的数据查询需求。

(6) 数据库触发器：微信云开发数据库还支持数据库触发器功能,开发者可以在数据的插入、更新和删除等操作前后触发自定义的云函数,实现更复杂的业务逻辑。

通过使用微信云开发数据库,开发者可以方便地进行数据的存储和管理,实现小程序的数据交互和业务逻辑的处理。它提供了简单易用的接口和功能,减少了开发者的工作量,加快了小程序的开发速度。

4.4.2　云数据库 API

云数据库 API 提供了一系列的方法和参数,开发人员可以使用这些 API 来创建数据库实例、管理数据库的配置和权限、执行 SQL 查询和事务、备份和恢复数据等。不同的云数据库服务提供商可能会有不同的 API,开发人员需要根据具体的云数据库服务提供商的文档和指南来使用相应的 API。如表 4-2～表 4-7 所示,列出了一些 API 的说明。

表 4-2　触发网络请求的 API

API	说　明
get	获取集合/记录数据
add	在集合上新增记录
update	更新集合/记录数据
set	替换更新一个记录
remove	删除记录
count	统计查询语句记录的条数

表 4-3　获取引用的 API

API	说　明
database	获取数据库引用对象返回 DataBase 对象
collection	获取集合引用,返回 Collection 对象
doc	获取对一个记录的引用,返回 Document 对象

表 4-4　数据库对象的字段

API	说　明
command	获取数据库查询及更新指令,返回 Command 对象
serverDate	构造服务端时间
Geo	获取地理位置操作对象,返回 Geo 对象

表 4-5　集合对象 API

API	说　明
doc	获取对一个记录的引用,返回 Document 对象
add	在集合上新增记录
where	构建一个当前集合上的查询条件,返回 Query 对象,查询条件中可使用查询指令
orderBY	指定查询数据的排序方式
limit	指定返回数据的数量上限
skip	指定查询时从选中的记录列表中的第几项之后开始返回
field	指定返回结果中每条记录应包含的字段

表 4-6　记录/文档对象 API

API	说　明
get	获取记录数据
update	局部更新数据
set	替换更新数据
remove	删除记录
field	指定返回结果中记录应包含的字段

表 4-7　Command 对象查询指令

类别	指　　令	说　　明
比较运算	eq	字段是否等于指定值
	neq	字段是否不等于指定值
	lt	字段是否小于指定值
	lte	字段是否小于或等于指定值
	gt	字段是否大于指定值
	gte	字段是否大于或等于指定值
	in	字段值是否在指定数组中
	nin	字段值是否不在指定数组中
逻辑运算	and	条件与,表示须同时满足多个查询筛选条件
	or	条件或,表示只需要满足其中一个条件即可
	nor	表示需所有条件都不满足
	not	条件非,表示对给定条件取反
字段	exists	字段存在
	mod	字段值是否符合给定取模运算
数组	all	数组所有元素是否满足给定条件
	elemMatch	数组是否有一个元素满足所有给定条件
	size	数组长度是否等于给定值
地理位置	geoNear	找出字段值在给定点附近的记录
	geoWithin	找出字段值在指定区域内的记录
	geoIntersects	找出与给定的地理位置图形相交的记录

4.4.3　云数据库操作代码模板

1. get 模板

```
1.  db.collection('test')
2.    .where({
3.      price: _.gt(10)
4.    })
5.    .field({
6.      name: true,
7.      price: true,
8.    })
9.    .orderBy('price', 'desc')
10.   .skip(1)
11.   .limit(10)
12.   .get()
```

2. aggregate 模板

```
1.  db.collection('test')
2.    .aggregate()
3.    .group({
```

```
4.     // 按 category 字段分组
5.      _id: '$category',
6.     //每组有一个 avgSales 字段,其值是组内所有记录的 sales 字段的平均值
7.      avgSales: $.avg('$sales')
8.    })
9.    .end()
```

3. add 模板

```
1.  db.collection('test')
2.    .add({
3.     data: [
4.        {
5.          _id: 'apple-1',
6.          name: 'apple',
7.          category: 'fruit',
8.          price: 10,
9.        },
10.        {
11.          _id: 'orange-1',
12.          name: 'orange',
13.          category: 'fruit',
14.          price: 15,
15.        },
16.        {
17.          _id: 'watermelon-1',
18.          name: 'watermelon',
19.          category: 'fruit',
20.          price: 20,
21.        },
22.        {
23.          _id: 'yaourt-1',
24.          name: 'yaourt',
25.          category: 'dairy',
26.          price: 8,
27.        },
28.        {
29.          _id: 'milk-1',
30.          name: 'milk',
31.          category: 'dairy',
32.          price: 12,
33.        },
34.        {
35.          _id: 'chocolate-1',
36.          name: 'Lindt chocolate',
37.          category: 'chocolate',
38.          price: 16,
39.        },
40.     ]
41.    })
```

4. set 模板

```
1.  db.collection('test').doc('milk - 1').set({
2.    data: {
3.      name: 'milk',
4.      category: 'dairy',
5.      price: 18,
6.    }
7.  })
```

5. count 模板

```
1.  db.collection('test')
2.    .where({
3.      price: _.gt(10)
4.    })
5.    .count()
```

6. collection.uodate 模板

```
1.  db.collection('test')
2.    .where({
3.      category: 'fruit'
4.    })
5.    .update({
6.      data: {
7.        price: _.inc(5)
8.      }
9.    })
```

7. doc.update 模板

```
1.  db.collection('test').doc('orange - 1')
2.    .update({
3.      data: {
4.        price: _.inc(10)
5.      }
6.    })
```

8. remove 模板

```
1.  db.collection('test').doc('milk - 1')
2.    .remove()
```

9. 变量声明模板

```
1.   const serverDate = db.serverDate
2.   const { Point } = db.Geo
3.   db.collection('test').doc('milk - 2').set({
4.     data: {
5.       name: 'milk 2',
6.       category: 'dairy',
7.       price: 20,
8.       updateTime: serverDate(),
9.       origin: Point(120, 48)
10.    }
11.  })
```

10. 正则表达式查询模板

```
1.   db.collection('table')
2.    .where({
3.      collegeName: db.RegExp({
4.        regexp: 'string',    // 正则表达式
5.          // i:大小写不敏感  m:跨行匹配 s:让.可以匹配包括换行符在内的所有字符
6.        options: 'i|m|s',
7.      })
8.    }).get()
```

11. 多表联查

```
1.   db.collection('table1')
2.    .aggregate()
3.    .sort({'字段': - 1})    //-1: 降序  1: 升序
4.    .match({
5.      查询条件
6.    }).lookup({
7.      from: 'table2',
8.      localField: '当前表连接字段',
9.      foreignField: '对应表外键字段',
10.     as: '别名'
11.   }).end()
```

🔍 4.5　云开发文件上传

视频讲解

4.5.1　选择文件上传

　　小程序的使用场景是需要用户上传手机中的文件，特别是 Excel、Word、PDF 等类型的文件。如果选择让用户从本地文件夹里面去找，显然有点困难。此外，不仅能选择文件，还

可以选择视频、图片类型，具体的可以看官方的开发文档。因此小程序提供了一个 API
(wx.chooseMessageFile())，可以让用户从聊天记录中选择文件并上传。官方 API 如图 4-23
所示。

wx.chooseMessageFile(Object object)

基础库 2.5.0 开始支持，低版本需做**兼容**处理。

以 **Promise 风格** 调用：支持

小程序插件：不支持

从客户端会话选择文件。

参数

Object object

属性	类型	默认值	必填	说明	最低版本
count	number		是	最多可以选择的文件个数，可以是0～100	
type	string	'all'	否	所选的文件的类型	
extension	Array.<string>		否	根据文件拓展名过滤，仅 type==file 时有效。每一项都不能是空字符串。默认不过滤	2.6.0
success	function		否	接口调用成功的回调函数	
fail	function		否	接口调用失败的回调函数	
complete	function		否	接口调用结束的回调函数（调用成功、失败都会执行）	

图 4-23　官方 API 1

4.5.2　选择本地相册或拍照图片

此功能更为常用，小程序提供实现的 API 是 wx.chooseImage()，如图 4-24 所示。

4.5.3　上传功能

在云开发中文件上传的 API 与传统服务器开发中的文件上传的 API 很像。云开发
API：wx.cloud.uploadFile()，服务器 API：wx.uploadFile()，如图 4-25 所示。

4.5.4　实现代码

1. 选择聊天文件函数(js)

```
1.  /**
2.   * 从聊天记录选择文件
3.   * @param {number} count 可选择数量(1－100)
```

wx.chooseImage(Object object)

以 **Promise** 风格 调用: 支持

小程序插件: 支持, 需要小程序基础库版本不低于 1.9.6

从本地相册选择图片或使用相机拍照。

参数

Object object

属性	类型	默认值	必填	说明
count	number	9	否	最多可以选择的图片张数
sizeType	Array.<string>	['original', 'compressed']	否	所选的图片的尺寸
sourceType	Array.<string>	['album', 'camera']	否	选择图片的来源
success	function		否	接口调用成功的回调函数
fail	function		否	接口调用失败的回调函数
complete	function		否	接口调用结束的回调函数（调用成功、失败都会执行）

图 4-24　官方 API 2

wx.cloud.uploadFile

将本地资源上传至云存储空间, 如果上传至同一路径则是覆盖写

请求参数

字段	说明	数据类型	默认值	必填
cloudPath	云存储路径, 命名限制见文件名命名限制	String	-	Y
filePath	要上传文件资源的路径	String	-	Y
config	配置	Object	-	N
success	成功回调			
fail	失败回调			
complete	结束回调			

config 对象定义

字段	说明	数据类型
env	使用的环境 ID, 填写后忽略 init 指定的环境	String

图 4-25　官方 API 3

```
4.    * @param {string} type 可选择文件类型 all:全部类型 video: 仅视频 image: 仅图片 file:
      除了视频、图片外的文件类型
5.    */
6.   chooseMessageFile(count, type) {
7.     return new Promise((resolve, reject) => {
8.       wx.chooseMessageFile({
9.         count: count,
10.        type: type,
11.        success(res) {
12.          resolve(res)
13.        },
14.        fail(err) {
15.          console.log("选择文件错误 =====>", err)
16.          resolve(false)
17.        }
18.      })
19.    })
20.  },
```

2. 选择相册函数(js)

```
1.    /** 选择图片封装函数
2.     * @param count 照片数量
3.     * @param sizeType 照片的质量, 默认 ['original', 'compressed']
4.     * @param sourceType 照片来源, 默认 ['album', 'camera']
5.     */
6.   chooseImg(count, sizeType, sourceType) {
7.     if (!count) count = 1
8.     if (!sizeType) sizeType = ['original', 'compressed']
9.     if (!sourceType) sourceType = ['album', 'camera']
10.    return new Promise((resolve, reject) => {
11.      wx.chooseImage({
12.        count: count,
13.        sizeType: sizeType,
14.        sourceType: sourceType,
15.        success(res) {
16.          resolve(res)
17.        },
18.        fail(err) {
19.          resolve(false)
20.          console.error(" ===== 选取照片失败 =====", err)
21.        }
22.      })
23.    })
24.  },
```

3. 上传文件函数(js)

```
1.    /**
2.     * 上传文件封装函数, 文件名随机性处理, 由 17 位随机字符 + 13 位时间戳组成
```

```
3.        * @param {string} filePath 要上传图片的临时路径
4.        * @param {string} cloudPathPrefix 云数据库存储位置的文件路径前缀
5.        */
6.     upLoadFile(filePath, cloudPathPrefix) {
7.        // 取随机名
8.        let str = '0123456789abcdefghijklmnopqrstuvwxyzABCDEFGHIJKLMNOPQRSTUVWXYZ';
9.        let randomStr = '';
10.       for (let i = 17; i > 0; --i) {
11.          randomStr += str[Math.floor(Math.random() * str.length)];
12.       }
13.       randomStr += new Date().getTime()
14.
15.       return new Promise((resolve, reject) => {
16.          let suffix = /\.\w+$/.exec(filePath)[0] //正则表达式返回文件的扩展名
17.          let cloudPath = cloudPathPrefix + '/' + randomStr + suffix
18.          wx.cloud.uploadFile({
19.             cloudPath: cloudPath,
20.             filePath: filePath,
21.             success(res) {
22.                resolve(res)
23.             },
24.             fail(err) {
25.                resolve(false)
26.                console.error(" ===== 上传文件失败 =====", err)
27.             },
28.          })
29.       })
30.    },
```

4. 调用示例

（1）云存储新建文件夹，如图 4-26 所示。

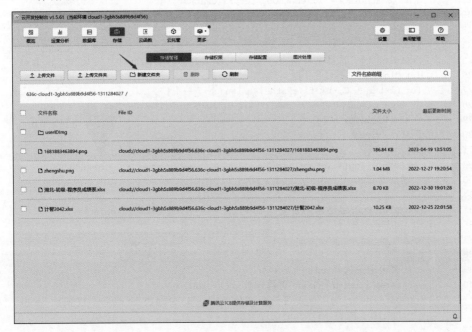

图 4-26　新建文件夹

（2）完整调用代码。

① WXML 代码

```
1.  < button type = "primary" style = "margin - top: 105rpx;" bindtap = "uploadFileTap" data -
    type = "file">上传文件</button >
2.  < button type = "primary" style = "margin - top: 45rpx;" bindtap = "uploadFileTap" data -
    type = "img">上传图片</button >
```

② JS 代码

```
1.   Page({
2.     /**
3.      * 页面的初始数据
4.      */
5.     data: {},
6.
7.     /** 上传按钮单击监听 */
8.     async uploadFileTap(res) {
9.       // 上传类型
10.      const type = res.currentTarget.dataset.type
11.      let filePathObj = null
12.      let filePathList = []
13.
14.      if (type == 'file') {
15.        filePathObj = await this.chooseMessageFile(1, 'file')
16.        if (!filePathObj) return
17.        filePathList.push(filePathObj.tempFiles[0].path)
18.      } else if (type == 'img') {
19.        filePathObj = await this.chooseImg(2)
20.        if (!filePathObj) return
21.        filePathList = filePathObj.tempFilePaths
22.      } else {
23.        return
24.      }
25.      console.log("选择文件信息 ====>", filePathObj)
26.      let cloudPathList = []
27.      for (let i = 0; i < filePathList.length; i++) {
28.        const cloudPathObj = await this.upLoadFile(filePathList[i], 'file')
29.        if (!cloudPathObj) {
30.          continue
31.        }
32.        console.log(filePathList[i], "文件上传成功 =====>", cloudPathObj)
33.        cloudPathList.push(cloudPathObj.fileID)
34.      }
35.      console.log("最终返回云文件 ID 列表 =====>", cloudPathList)
36.    },
37.
38.    /**
39.     * 从聊天记录选择文件
40.     * @param {number} count 可选择数量(1 - 100)
41.     * @param {string} type 可选择文件类型 all:全部类型 video:仅视频 image:仅图片
           file:除了视频、图片外的文件类型
42.     */
```

```
43.      chooseMessageFile(count, type) {
44.        return new Promise((resolve, reject) => {
45.          wx.chooseMessageFile({
46.            count: count,
47.            type: type,
48.            success(res) {
49.              resolve(res)
50.            },
51.            fail(err) {
52.              console.log("选择文件错误 =====>", err)
53.              resolve(false)
54.            }
55.          })
56.        })
57.      },
58.
59.      /** 选择图片封装函数
60.       * @param count 照片数量
61.       * @param sizeType 照片的质量, 默认 ['original', 'compressed']
62.       * @param sourceType 照片来源, 默认 ['album', 'camera']
63.       */
64.      chooseImg(count, sizeType, sourceType) {
65.        if (!count) count = 1
66.        if (!sizeType) sizeType = ['original', 'compressed']
67.        if (!sourceType) sourceType = ['album', 'camera']
68.        return new Promise((resolve, reject) => {
69.          wx.chooseImage({
70.            count: count,
71.            sizeType: sizeType,
72.            sourceType: sourceType,
73.            success(res) {
74.              resolve(res)
75.            },
76.            fail(err) {
77.              resolve(false)
78.              console.error(" ===== 选取照片失败 ===== ", err)
79.            }
80.          })
81.        })
82.      },
83.
84.      /**
85.       * 上传文件封装函数, 文件名随机性处理, 由 17 位随机字符 + 13 位时间戳组成
86.       * @param {string} filePath 要上传图片的临时路径
87.       * @param {string} cloudPathPrefix 云数据库存储文件路径前缀
88.       */
89.      upLoadFile(filePath, cloudPathPrefix) {
90.        // 取随机名
91.        let str = '0123456789abcdefghijklmnopqrstuvwxyzABCDEFGHIJKLMNOPQRSTUVWXYZ';
92.        let randomStr = '';
93.        for (let i = 17; i > 0; --i) {
94.          randomStr += str[Math.floor(Math.random() * str.length)];
95.        }
96.        randomStr += new Date().getTime()
```

```
97.
98.        return new Promise((resolve, reject) => {
99.          let suffix = /\.\w+$/.exec(filePath)[0]  //正则表达式返回文件的扩展名
100.         let cloudPath = cloudPathPrefix + '/' + randomStr + suffix
101.         wx.cloud.uploadFile({
102.           cloudPath: cloudPath,
103.           filePath: filePath,
104.           success(res) {
105.             resolve(res)
106.           },
107.           fail(err) {
108.             resolve(false)
109.             console.error(" ===== 上传文件失败 ===== ", err)
110.           },
111.         })
112.       })
113.     },
114.   })
```

第5章

案例：人才招聘
平台"点程"

视频讲解

随着互联网的迅速发展，原本需要线下进行的活动可以打破时空的限制转为线上进行，线上招聘和求职变得流行起来。企业招聘者只需要发布自己的需求即可，求职者根据自身情况进行选择，大大节省了人们的时间和精力。本章案例介绍了一个基于微信小程序云开发的招聘平台的设计与实现的过程。前端页面基于微信小程序的三件套，后端数据库使用了微信开发者工具自带的云数据库。项目为求职者提供了搜索、推荐、私聊、简历上传等功能，为企业招聘者提供了信息发布、私聊等功能。总的来说，为企业和求职者提供了一个高效、便捷的招聘平台。通过整合各种功能，招聘平台帮助企业更快地找到合适的人才，同时也为求职者提供了更多的就业机会和选择空间。随着移动互联网的普及和发展，线上招聘将成为未来招聘行业的重要趋势和发展方向。

🔑 5.1　需求分析

5.1.1　开发背景

随着互联网技术的发展,人们开始更加依赖互联网来获取信息、进行交流和寻找工作机会。传统的招聘方式,如报纸广告、招聘会等,逐渐显得效率低下和不够便捷。在这样的背景下,招聘平台应运而生。招聘平台利用互联网技术,将招聘信息和求职者联系起来,为双方提供了更加高效和便捷的招聘渠道。企业可以在平台上发布招聘信息,而求职者可以通过平台浏览和申请工作机会。这种在线招聘的方式,不仅缩短了信息传递的时间,还提供了更多的工作选择和机会。

随着移动互联网的兴起,招聘平台也开始向移动端发展,推出了招聘小程序和移动应用程序。招聘小程序的出现,进一步提升了招聘的便利性和灵活性。求职者可以随时随地通过手机访问招聘平台查看最新的职位信息和提交申请。同时,企业也可以通过招聘平台更方便地管理招聘流程和与求职者进行沟通。

除了互联网技术的发展,数字化转型也是招聘平台兴起的重要背景。越来越多的企业开始将招聘过程数字化,利用人工智能、大数据分析等技术来提高招聘效率和准确性。招聘平台可以通过智能筛选、推荐匹配等功能,帮助企业快速找到合适的人才。同时,通过数据分析和统计,招聘平台还可以为企业提供招聘趋势和人才市场的洞察,帮助企业做出更明智的招聘决策。

招聘平台通过整合招聘信息、提供便捷的求职渠道和利用技术手段提高招聘效率,为企业和求职者带来了更多的机会和选择。随着技术的不断进步和用户需求的变化,招聘平台也在不断演进和创新,为招聘行业带来了新的发展机遇。由此,我们开发了"点程"人才招聘微信小程序。

5.1.2　开发目的

招聘小程序的开发目的是提高招聘效率,减少招聘过程中的沟通成本和时间成本。提供高效的招聘渠道:招聘小程序通过整合各种招聘功能,为企业提供了一个高效的招聘渠道。企业可以通过小程序发布招聘信息,吸引更多的求职者关注和申请。提供便捷的沟通和面试方式:招聘小程序可以提供在线沟通和面试的功能,减少双方的沟通成本和时间成本。企业可以通过小程序与求职者进行实时对话,更快地了解求职者的情况。

本项目旨在使用招聘信息发布、个人简历上传与审核、求职者私聊招聘者等功能,招聘者在平台发布公司的需求,求职者对于心仪的工作可发起私聊进一步了解。求职者在登录平台后需要上传个人的简历,上传成功后等待审核通过。审核通过后的简历可发送给招聘者查看进一步了解求职者的个人信息。求职可设置自己所在位置或者选择自己心仪的工作城市方便平台推荐附近的工作。这种方式让异地求职成为可能,大大节省了时间成本和人力成本。

5.1.3　对标分析

微信小程序为用户提供信息集中的招聘平台,用户在完成登录后,就可以查找自己感兴趣的工作。平台将工作门类细分,方便用户快速查找,提高求职者的办事效率。招聘者可以随时随地发布招聘信息,不受时间和地点的限制。求职者可以在家中或办公室通过网络提交简历和申请,不需要亲自递交纸质简历或邮寄。相比传统的招聘方式,线上招聘可以节省很多招聘成本。招聘者无须支付高昂的招聘广告费用,也不需要承担差旅费用等。同时,求职者也无须花费大量时间和金钱去参加线下的面试和招聘会。平台良好的用户界面设计、交互设计能给用户带来好的体验,极大地方便了求职方和招聘方。

🔑 5.2　概要设计

5.2.1　系统分析

系统分为授权登录、求职者模块、招聘者模块、热点话题模块、附近工作推荐模块、简历上传模块、私聊信息模块。功能模块划分对于系统的开发、维护和管理都具有重要的意义,可以提高开发效率、系统可维护性和团队协作效率,降低系统复杂度,并支持系统的扩展和升级。

(1)授权登录模块:微信小程序用户确认授权个人信息方可进入小程序。

用户通过微信小程序的 API 接口对系统进行授权,并将用户信息存储在云数据库之中,用户登录时会审核获取用户信息和登录信息。

(2)求职者模块:显示用户的基本信息,能修改用户的基本信息。

求职者可以在"我的"页面中查看到自己的基本信息,并且可以对其进行修改。基本信息包括昵称、性别、头像、地址。地址信息中包含手动添加和定位添加两种方式,并且能设置默认地址。

(3)招聘者模块:发布招聘信息,对已发布的招聘信息进行修改或者删除。

招聘者可以在相应的工作门类中发布招聘信息,可以在信息管理中检索自己已发布的招聘并对其进行修改或者删除。

(4)热点话题模块:用户均可参与话题,讨论发表自己的观点。

用户输入自己想要发送的内容,发送后即可在评论区看到自己的最新评论。

(5)附近工作推荐模块:求职者在完成地址设置后会推荐附近的工作。

求职者在完成地址设置后在首页上拉刷新,在首页的底部系统会显示附近的工作推荐。

(6)简历上传模块:求职者上传个人简历等待审核。

求职者填写真实姓名和证件号、上传简历、勾选用户协议,确认无误后上传,然后等待审核。如果需要加急,可以添加管理员联系方式私聊。

(7)私聊信息模块:求职者向招聘者发起私聊。

求职者对感兴趣的工作可私聊其招聘者进一步了解详情。

系统的功能结构图如图 5-1 所示。

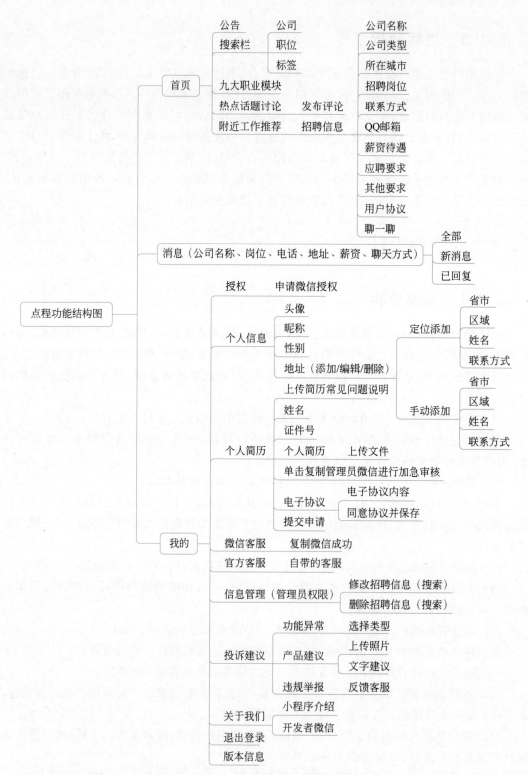

图 5-1　系统的功能结构图

系统的功能模块图如图 5-2 所示。

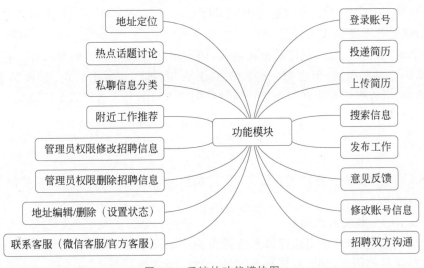

图 5-2　系统的功能模块图

5.2.2　技术框架

本项目使用了微信小程序三件套以及云开发技术。小程序页面设计主要是将 WXSS 文件与 WXML 文件配合，根据项目需求来设计小程序界面。WXSS(WeiXin Style Sheets) 是一套样式语言，用于描述 WXML(全称 WeChat Markup Language)的组件样式，WXSS 具有 CSS 的大部分特性。WXML 也具有 HTML 的大部分特性。微信小程序主要用到的 开发语言是 JavaScript，开发者使用 JavaScript 来开发业务逻辑，以及调用小程序的 API 来 完成业务需求。

1. WXML

WXML 是小程序的一种标记语言，用于描述小程序的结构和内容。它类似于 HTML， 但是有一些不同之处。

WXML 中的一些关键点如下。

(1) 结构层次：WXML 使用标签来描述小程序的结构层次，标签之间可以嵌套，形成 一个树状结构。每个标签都有自己的属性和内容。

(2) 数据绑定：WXML 可以通过双花括号({{}})来绑定数据，将数据动态地渲染到页 面上。可以使用小程序的数据绑定语法来绑定变量、表达式和函数等。

(3) 事件绑定：WXML 可以通过绑定事件来响应用户的操作，比如单击、滑动等。可 以使用小程序的事件绑定语法来绑定事件处理函数，并在函数中执行相应的操作。

(4) 条件渲染：WXML 可以通过条件语句(如 wx:if、wx:else、wx:elif)来根据条件动 态地渲染页面的部分内容。可以根据不同的条件显示不同的内容。

(5) 列表渲染：WXML 可以通过列表渲染语法(如 wx:for 和 wx:for-item)来遍历数组 或对象，并将其中的元素动态地渲染到页面上。

(6) 模板引用：WXML 可以通过定义模板(<template>标签)来复用一段代码，然后在 其他地方引用该模板(<template is="模板名称">标签)。

(7) 组件引用：WXML 可以通过引用组件(< component >标签)来使用其他小程序组件，实现组件化的开发方式。

总的来说，WXML 是小程序的标记语言，用于描述小程序的结构和内容。它具有类似于 HTML 的标签和属性，但也有一些特殊的语法和功能，如数据绑定、事件绑定、条件渲染、列表渲染、模板引用和组件引用等。通过使用 WXML，开发者可以方便地构建小程序的界面和交互逻辑。

2. WXSS

WXSS 是小程序的一种样式表语言，用于描述小程序的样式和布局。它类似于 CSS，但也有一些不同之处。

WXSS 中的一些关键点如下。

(1) 选择器：WXSS 使用选择器来选择页面中的元素，并为其应用样式。可以使用类似于 CSS 的选择器语法，如元素选择器、类选择器、ID 选择器等。

(2) 样式规则：WXSS 使用样式规则来定义元素的样式。每个样式规则由选择器和一组样式声明组成，样式声明由属性和值组成。

(3) 样式属性：WXSS 支持一些常见的样式属性，如颜色、字体、背景、边框、布局等。可以使用类似于 CSS 的属性语法，如属性名和属性值。

(4) 优先级：WXSS 中的样式规则遵循一定的优先级规则，当多个样式规则应用于同一个元素时，会根据优先级决定最终的样式。优先级由选择器的特殊性和位置决定。

(5) 继承：WXSS 中的一些样式属性具有继承性，即子元素会继承父元素的样式。但并不是所有的样式属性都具有继承性，需要根据具体的属性来判断。

(6) 尺寸单位：WXSS 支持一些常见的尺寸单位，如像素(px)、百分比(%)、rpx 等。其中 rpx 是小程序独有的单位，可以根据屏幕宽度进行自适应布局。

总的来说，WXSS 是小程序的样式表语言，用于描述小程序的样式和布局。它具有类似于 CSS 的选择器、样式规则和样式属性，但也有一些特殊的语法和单位。通过使用 WXSS，开发者可以方便地为小程序的元素应用样式，实现界面的美化和布局的控制。

3. JavaScript

JavaScript 是一种脚本语言，用于在网页上实现交互功能。它是一种基于对象的语言，具有动态性和灵活性。JavaScript 通常用于前端开发，用于处理和操作网页的内容、样式和行为。

JavaScript 中的一些关键点如下。

(1) 语法：JavaScript 的语法类似于 Java 语言和 C 语言，但也有一些不同之处。它使用变量、表达式、函数和控制结构等基本语法元素来实现程序逻辑。

(2) 数据类型：JavaScript 支持多种数据类型，包括基本数据类型(如字符串、数字、布尔值)和复杂数据类型(如数组、对象)。它还具有动态类型特性，即变量的类型可以根据赋值的数据自动确定。

(3) 对象和方法：JavaScript 是一种面向对象的语言，它可以创建和操作对象。对象是一种包含属性和方法的数据结构，可以通过点操作符或方括号操作符来访问和修改对象的属性和调用对象的方法。

（4）DOM 操作：JavaScript 可以通过文档对象模型（Document Object Model，DOM）来操作网页的内容和结构。通过 JavaScript，可以动态地创建、修改、删除网页元素，以实现页面的交互效果。

（5）事件驱动：JavaScript 可以通过事件来响应用户的操作，如单击、滚动、键盘输入等。可以通过事件监听器来注册事件，并在事件触发时执行相应的操作。

（6）AJAX 和异步编程：JavaScript 可以通过 AJAX（Asynchronous JavaScript and XML）来进行异步通信，实现网页的无刷新更新。它也支持异步编程，可以通过回调函数、Promise 和 async/await 等机制来处理异步操作。

（7）第三方库和框架：JavaScript 拥有丰富的第三方库和框架，如 jQuery、React、Vue 等，可以简化开发过程，提高开发效率。

总的来说，JavaScript 是一种用于网页上实现交互功能的脚本语言。它具有丰富的语法和功能，包括变量、表达式、函数、对象、DOM 操作、事件驱动、AJAX 和异步编程等。通过 JavaScript，开发者可以为网页添加动态和交互性，实现丰富的用户体验。

4. 云开发技术

云开发是一种基于云计算的开发方式，旨在简化开发者的后端开发工作和提高开发效率。它提供了一整套云端资源和服务，包括存储、数据库、云函数、云托管和身份认证等，使开发者可以专注于前端开发和业务逻辑，而无须关注底层的服务器和基础设施。

云开发技术中的一些关键点如下。

（1）云存储：云开发提供了可靠的云存储服务，开发者可以将文件和数据存储在云端，实现数据的持久化和共享。云存储还支持文件的上传、下载和管理，可以方便地处理用户上传的图片、视频等文件。

（2）云数据库：云开发提供了一种无服务器的云数据库，可以方便地存储和查询数据。开发者可以使用类似于 MongoDB 的语法来操作云数据库，实现数据的增、删、改、查。云数据库还支持实时数据同步和数据权限控制等功能。

（3）云函数：云开发的云函数是一种无服务器的后端代码执行环境，可以在云端运行自定义的代码逻辑。开发者可以编写和部署云函数，通过调用云函数来实现复杂的业务逻辑和数据处理。云函数还支持触发器和定时任务等功能。

（4）云托管：云开发提供了云托管服务，可以方便地部署和管理网站和应用程序。开发者可以将前端代码和后端代码一起部署到云端，实现全栈开发和一体化部署。云托管还支持自动扩缩容和负载均衡等功能。

（5）身份认证：云开发提供了身份认证服务，可以方便地管理用户的身份和权限。开发者可以使用云开发的身份认证功能来实现用户的注册、登录和权限控制，保护数据的安全性和隐私性。

总的来说，云开发是一种基于云计算的开发方式，提供了一整套云端资源和服务，包括存储、数据库、云函数、云托管和身份认证等。通过使用云开发，开发者可以简化后端开发工作和提高开发效率，实现快速上线和灵活扩展的应用程序。

🔑 5.3　详细设计

5.3.1　界面设计

本系统的页面大体上分为三部分：首页、消息、我的。

1. 首页

首页，在顶部使用轮播图的形式展示小程序的介绍，其次采用滚动动画显示公告，可以将一些需要提醒用户的信息放入公告。用户可以单击公告以查看详情，也可单击让其关闭（不出现在页面中）。接下来是搜索框，求职者可直接搜索自己想要查询的工作。紧接着下方是细分的九个工作大类，求职者可根据自身的情况查看相应的工作。最下方是话题热点和附近工作推荐，在话题热点中，用户可在其中发表自己的看法一起交流学习。附近的工作推荐是根据求职者的当前位置或者选择的地点推荐的附近工作。

在首页添加了上拉刷新的功能，防止更新的数据无法及时渲染到页面上，页面上整体功能划分清晰，用户易上手使用。首页页面如图 5-3 所示。

图 5-3　首页页面图

2. 消息

消息页面主要分为三个板块，分别是全部消息、新消息和已回复的消息。

全部消息显示用户所有的信息（所有发出和收到的），新消息显示用户最近收到的还未回复的消息，已回复的消息显示用户收到且已回复的信息。将消息细分，能更有效帮助用户及时查看信息或者能够更快联系到自己心仪公司的相关部门。同时，各个公司的招聘信息直接显示在消息页有助于用户快速回忆起该招聘信息，提高办事效率。消息页面如图 5-4 所示。

3. 我的

"我的"页面主要包含有授权登录、个人信息修改、个人简历上传、官方客服、微信客服以及投诉建议等功能。授权登录功能使用的是官方的 API 接口。个人信息修改功能主要是修改用户昵称，性别以及所在地点。个人简历功能是使用官方的 API 接口，选择设备中准备好的简历，选择完成后上传，并需要等待管理员审核通过后该简历才能有效使用。官方客服以及投诉建议功能使用的是官方的 API 接口。微信客服功能采用的是将微信号复制的方式添加开发人员联系方式进行沟通。"我的"页面如图 5-5 所示。

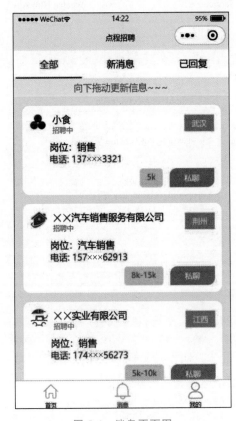

图 5-4 消息页面图   图 5-5 "我的"页面图

5.3.2 主要功能设计

首先用户授权登录小程序,然后通过搜索框搜索工作或者在细分的大类里面进行查找,遇到心仪的工作可直接私聊,也可查看系统推荐的工作。此外,用户可参与话题热榜一起交流分享经验,为找到心仪的工作积累经验。

1. 授权登录

登录功能的实现是靠小程序端调用 wx.login 获取 code,然后调用 wx.request 进行网络请求,携带参数 code,appid,appsecret,后端用这三个参数向微信接口服务请求,得到 session_key 和 openid 等数据。紧接着,后端对参数进行处理,返回自定义登录状态,比如后端 session_key 进行加密,返回加密数据给小程序端。接着,小程序端通过 wx.setStorageSync 对返回来的处理过的数据存入 storage。以后每当发起业务请求时,如需 session_key,小程序端可以向后端传入 storage 中的登录状态,从而获取业务数据。授权登录时序图如图 5-6 所示。

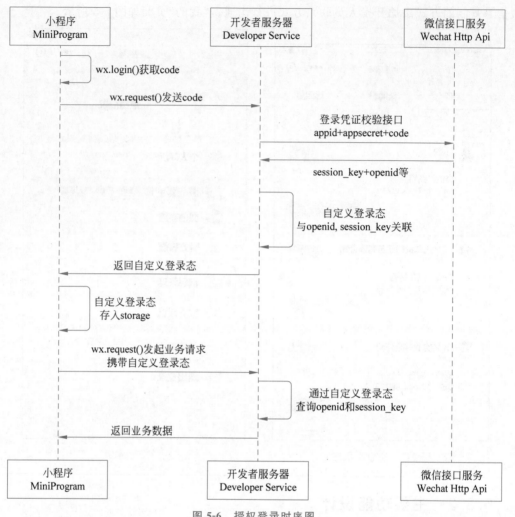

图 5-6　授权登录时序图

2. 搜索流程

用户在登录后才能进行搜索，用户单击搜索框跳转至搜索页面，输入关键字进行模糊查询。系统获取到输入框的内容，然后通过 db.RegExp() 方法创建一个正则表达式对象，传入模糊查询的参数，对职位表、公司表分别做模糊查询。若查询到的结果在职位表中，直接渲染在页面上。若查询到的结果在公司表中，需要将职位表的字段 cid 和公司表的字段 id 连接，找到该公司发布了哪些招聘信息，全部渲染在页面上。搜索流程如图 5-7 所示。

3. 评论流程

首先检查用户是否已经登录，用户登录后，获取到用户的 id、头像。当用户单击"发布"按钮时，检查内容是否为空。如果为空，弹窗提醒用户"评论内容不能为空"。如果不为空，使用 date 函数获取当前的年、月、日、时、分、秒，将用户 id、头像、评论内容、当前时间一并存入 comment 表，并将这条最新的评论显示在评论区第一条。评论流程如图 5-8 所示。

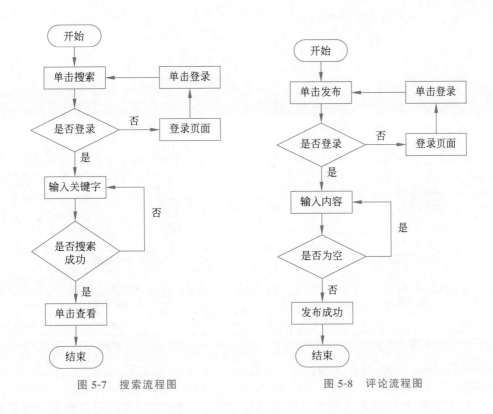

图 5-7　搜索流程图　　　　　　　　图 5-8　评论流程图

4. 附近工作推荐流程

首页检查用户是否完成了地址设置，若没有完成地址设置，附近工作推荐处显示"请先完成地址设置"。当用户完成后，系统获取到用户所在城市，在公司表中进行模糊查询。将查询到的结果利用外键-公司编号在职位表中进行职位查询。最后将结果渲染到页面上。附近工作推荐流程如图 5-9 所示。

5. 私聊流程

首页获取用户私聊的招聘方的 id，将用户 id 与招聘方 id 在 chat 表中进行匹配，匹配成功说明之前已经私聊过，将已经私聊的信息渲染到页面，用户可继续私聊，私聊的信息会将以"信息＋发送方"格式添加到 chat 表的 content 字段中。如果没有匹配成功，说明这是第一次与招聘方私聊，需要新增一条记录（发送方 id、接收方 id、发送时间 time、发送内容 content）到 chat 表中。私聊流程如图 5-10 所示。

5.3.3　数据库设计

1. E-R 图设计

E-R 模型用来描述系统中各个实体以及实体之间的关系，E-R 图在数据库设计和管理中具有重要的意义。它可以帮助开发者理清数据之间的关系、与团队和利益相关者进行沟通和交流、优化数据库性能、指导数据库维护和更新，以及作为数据库的文档和参考依据。

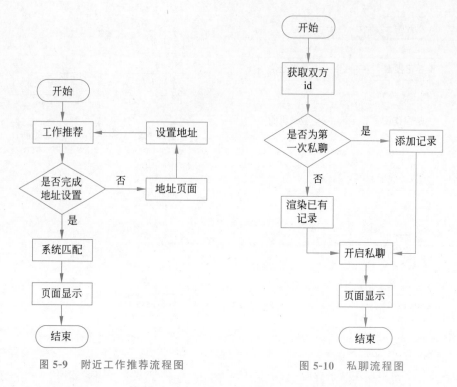

图 5-9　附近工作推荐流程图　　　　图 5-10　私聊流程图

通过使用 E-R 图,可以提高数据库设计的质量和效率,确保数据库的可靠性和可维护性。本系统的重要实体的 E-R 图如图 5-11~图 5-15 所示。

（1）求职者信息如图 5-11 所示。

（2）公司信息如图 5-12 所示。

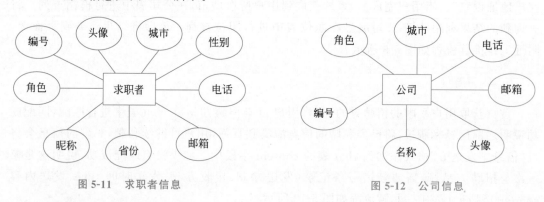

图 5-11　求职者信息　　　　　　　图 5-12　公司信息

（3）职位信息如图 5-13 所示。

（4）私聊信息如图 5-14 所示。

（5）求职者与简历的对应关系如图 5-15 所示。

（6）求职者与评论的对应关系如图 5-16 所示。

2. 数据库表设计

数据库表是用于存储和组织数据的结构化方式,提供了一种有效的方法来存储和访问

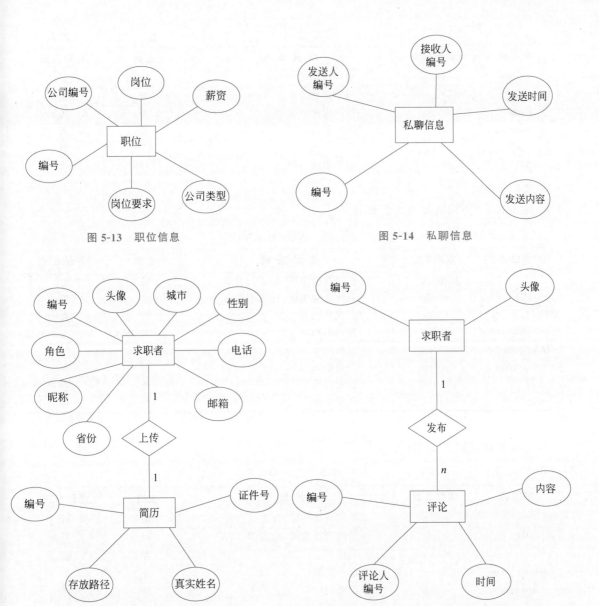

图 5-13　职位信息

图 5-14　私聊信息

图 5-15　求职者与简历对应关系

图 5-16　求职者与评论的对应关系

数据，使得数据可以被轻松地管理和查询。

1）求职者用户表

user 求职者用户表如表 5-1 所示。

表 5-1　user 求职者用户表

字段名	数据类型	字 段 说 明	主键	是否为空
id	string	系统自动生成，标志信息者	是	否
openID	string	系统自动生成，标志创造者	否	否
images	file	头像路径	否	否
city	string	用户城市	否	否

续表

字段名	数据类型	字 段 说 明	主键	是否为空
gender	string	用户性别	否	是
role	string	用户角色	否	否
name	string	用户昵称	否	否
province	string	用户省份	否	否
email	string	用户邮箱	否	是
tel1	string	用户电话	否	否

2) 公司表

company 公司表如表 5-2 所示。

表 5-2   company 公司表

字段名	数据类型	字 段 说 明	主键	是否为空
id	string	系统自动生成,标志信息者	是	否
openID	string	系统自动生成,标志创造者	否	否
role	string	用户角色	否	否
companyname	string	公司名称	否	否
companycity	string	公司城市	否	否
companytel	string	公司电话	否	否
email	string	公司邮箱	否	否
image	file	公司头像	否	否

3) 职位表

job 职位表如表 5-3 所示。

表 5-3   job 职位表

字段名	数据类型	字 段 说 明	主键	是否为空
id	string	系统自动生成,标志信息者	是	否
openID	string	系统自动生成,标志创造者	否	否
cid	string	公司 id	否	否
companytype	string	公司类型	否	否
companypost	string	招聘岗位	否	否
salary	int	岗位薪资	否	否
requirements	string	岗位要求	否	否

4) 私聊信息表

chat 私聊信息表如表 5-4 所示。

表 5-4   chat 私聊信息表

字段名	数据类型	字 段 说 明	主键	是否为空
id	string	系统自动生成,标志信息者	是	否
openID	string	系统自动生成,标志创造者	否	否
sender_id	string	发送人 id	否	否
receiver_id	string	接收人 id	否	否
time	date	发送时间	否	否
content	object	发送内容	否	否

5）简历信息表

resume 简历信息表如表 5-5 所示。

表 5-5　resume 简历信息表

字段名	数据类型	字 段 说 明	主键	是否为空
id	string	系统自动生成,标志信息者	是	否
openID	string	系统自动生成,标志创造者	否	否
idnumber	string	证件号	否	否
resume_path	file	简历路径	否	否
name	string	求职者真实姓名	否	否
state	int	简历是否审核通过	否	否

6）评论信息表

comment 评论信息表如表 5-6 所示。

表 5-6　comment 评论信息表

字段名	数据类型	字 段 说 明	主键	是否为空
id	string	系统自动生成,标志信息者	是	否
openID	string	系统自动生成,标志创造者	否	否
content	string	热点内容	否	否
comment_id	string	评论者 id	否	否
com_content	string	评论者内容	否	否
time	date	评论时间	否	否

5.4　测试报告

5.4.1　微信小程序首页测试用例

展示系统介绍的轮播图、滚动横幅、话题热榜、附近工作推荐。

（1）编号：1。

（2）功能：微信小程序首页展示。

（3）操作步骤：扫描二维码,进入小程序首页。

（4）预期结果：

① 显示系统介绍的轮播图。

② 显示滚动横幅。

③ 显示话题热榜。

④ 显示附近工作推荐。

（5）实际结果：小程序首页成功显示系统介绍的轮播图、滚动横幅、话题热榜、附近工作推荐。

5.4.2　微信小程序登录功能测试用例

（1）编号：2。

（2）功能：用户使用微信授权登录。

(3) 操作步骤：在我的页面中单击"登录"按钮。

(4) 预期结果：用户成功授权登录，显示微信头像、昵称。

(5) 实际结果：用户能够成功登录微信小程序。

5.4.3　搜索功能测试用例

(1) 编号：3。

(2) 功能：用户使用关键字进行搜索。

(3) 操作步骤：单击搜索框跳转搜索页面，输入关键字进行匹配。

(4) 预期结果：显示匹配结果。

(5) 实际结果：显示包含关键字的匹配信息。

5.4.4　工作分类功能测试用例

(1) 编号：4。

(2) 功能：用户进入相应的类型显示相应的工作。

(3) 操作步骤：单击工作大类，显示相应的工作。

(4) 预期结果：显示对应类型的工作。

(5) 实际结果：能够正确显示对应类型的工作。

5.4.5　热点话题功能测试用例

(1) 编号：5。

(2) 功能：用户进入热点话题，能进行评论以及查看其他用户的评论。

(3) 操作步骤：进入热点话题，显示其他用户的评论内容，输入评论内容，提交完成后，评论区会显示最新的评论内容以及对应的时间。

(4) 预期结果：显示其他用户评论以及最新评论的内容和时间。

(5) 实际结果：正确显示所有用户的评论内容和时间。

5.4.6　附近工作推荐功能测试用例

(1) 编号：6。

(2) 功能：首页底部显示附近工作推荐。

(3) 操作步骤：在完成地址选择后，下拉刷新显示附近工作推荐。

(4) 预期结果：显示附近工作推荐。

(5) 实际结果：能够正确显示附近工作推荐。

5.4.7　私聊功能测试用例

(1) 编号：7。

(2) 功能：对心仪的工作，对其公司的招聘信息发布者发起私聊。

(3) 操作步骤：单击招聘信息下方的私聊直接发起对话。

（4）预期结果：建立对话，能够发送消息和接收消息。

（5）实际结果：能够建立对话，并正确显示发送和接收到的信息内容。

5.4.8 地址信息设置功能测试用例

（1）编号：8。

（2）功能：用户可选择三级地址或者利用地图定位设置默认地址。

（3）操作步骤：选择三级地址或者使用定位获取。

（4）预期结果：将选中的三级地址拼成完整地址显示在页面上或者利用定位直接获取当前位置。

（5）实际结果：能够正确显示选中的地址或者定位获取到的地址。

5.4.9 简历上传功能测试用例

（1）编号：9。

（2）功能：用户可选择制作好的简历上传。

（3）操作步骤：选中简历上传。

（4）预期结果：上传成功，页面显示等待审核。

（5）实际结果：能够成功上传，页面正确显示。

5.4.10 招聘信息发布功能测试用例

（1）编号：10。

（2）功能：招聘方填写招聘信息进行上传。

（3）操作步骤：招聘方填写信息，确认无误后，进行上传。

（4）预期结果：上传成功，显示招聘信息。

（5）实际结果：能够正确显示招聘信息。

5.5 安装及使用

5.5.1 安装环境及要求

微信开发者工具：前端界面＋云数据库。

5.5.2 安装过程

1. 微信开发者工具

（1）下载微信开发者工具

先从微信官方文档找到并下载所需版本的微信开发者工具的安装包。

（2）安装

双击下载好的安装包，单击"下一步"按钮，单击"我接受"，选择安装目录，建议选择默认

的安装目录,然后安装,耐心等待系统安装,单击"完成"按钮,完成对微信开发者工具的
安装。

　　(3)创建

　　打开微信开发者工具,创建一个新项目,选择路径,打开项目文件夹并选择云开发。具
体步骤如图 5-17 和图 5-18 所示。

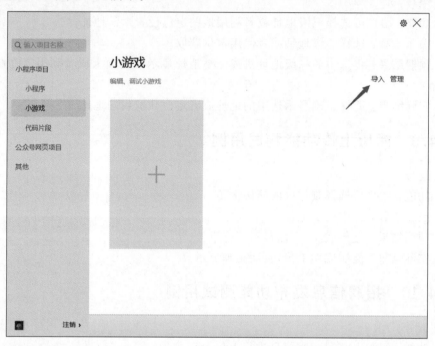

图 5-17　导入项目

图 5-18　选择云开发

（4）环境配置

配置相应的云开发环境，运行项目。项目结构示意图如图 5-19 所示。

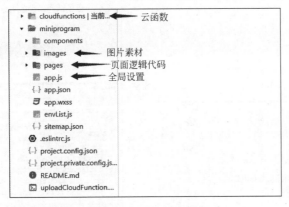

图 5-19 项目结构示意图

5.5.3 使用流程

目前小程序为体验版，还未正式上线。

（1）首先在微信小程序端登录，如图 5-20 和图 5-21 所示。

图 5-20 登录 1

图 5-21 登录 2

（2）关键字搜索，如图 5-22 所示。

（3）与招聘方私聊，如图 5-23 所示。

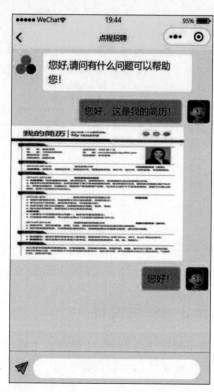

图 5-22　关键字搜索

图 5-23　与招聘方私聊

（4）参与话题讨论，如图 5-24 所示。

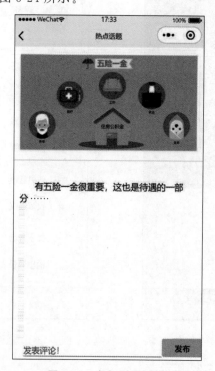

图 5-24　参与话题讨论

（5）公司删除招聘信息，如图 5-25 和图 5-26 所示。

图 5-25 删除招聘信息

图 5-26 验证信息

（6）简历上传，如图 5-27 所示。

（7）地址选择，如图 5-28 所示。

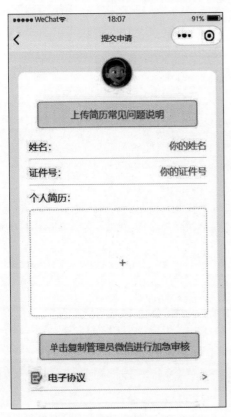

图 5-27 简历上传

图 5-28 地址选择

🔑 5.6　项目总结

　　本项目前端页面基于微信小程序的三件套,后端数据库使用了微信开发者工具自带的云数据库,为求职者提供了搜索、推荐、私聊、简历上传等功能,为企业招聘者提供了信息发布、私聊等功能。由于时间和技术能力原因,本项目还存在一些可以改进的地方,如保存个人的多份简历,在投递简历时可以选择要投递的简历,用户发布自己感兴趣的话题与其他用户讨论等。希望有机会可以持续学习并完善项目,同时让自己的技术也得以提升。

第**6**章

案例：基于Web的预约挂号系统

CHAPTER *6*

挂号难是目前我国医疗面临的现状，一方面我国的人口众多，另一方面我国三甲等大型医院很少，医疗资源紧缺，医疗专家也很少。目前也存在医疗资源分布不平衡的问题，大多数规模大的医院设立在一二线城市，使得专家和求医者供给失调。科学合理地调配现有医疗资源是一种解决挂号难的途径。

基于此，本章以湖北经济学院校医院为对象进行研究，经过对校医院的考察调研和资料整理的具体情况，以Java语言为基础，运用现在主流的后端框架Springboot/Mybatis，以及主流的前端技术Vue.js，实现前后端分离，设计实现了一套B/S模式（Browser/Server）的网上预约挂号系统。学生可以使用本项目进行网上预约挂号，使得医疗资源可以有效地分配，减少了学生看医生时的等待时间，有利于医院和患者的双向信息交流。本章介绍了使用的相关开发技术，分析了系统的可行性和需求，设计了管理员、医生、学生等用户的系统模块，进行系统接口测试，也验证了关键模块的功能的正确性。

🔑 6.1　需求分析

6.1.1　开发背景

"挂号难,挂个好号更是难上加难"一直是人民群众对医院的普遍看法。挂号难是目前我国医疗面临的现状,一方面我国的人口众多,另一方面是我国三甲等大型医院很少,医疗资源紧缺,医疗专家也很少。医疗资源分布不均也是目前存在的问题,大型医院多数设立在一二线城市以及省会中心城市,导致了患者与专家供给不成比例。科学合理地调配现有医疗资源是一种解决挂号难的途径。

基于此本项目提出了一套网上预约挂号系统,患者可以通过桌面电脑、平板电脑、手机等多种上网设备登录本项目进行网上预约挂号。本系统有助于合理有效地分配医疗资源、打击号贩子、减少患者挂号求诊的等待时间,有利于医院和患者的双向信息交流,减少医疗冲突的发生。

因此实行规范合理的预约制度,设计并落地先进的预约挂号管理系统,不仅可以极大地提升医院的门诊预约服务质量,提高医疗服务效率,而且对门诊部门在实际运转中的资源分配有重要意义。

6.1.2　开发目的

我国的人口基数大,其中互联网用户也相当多,在中国市场医疗资源的需求也与日俱增,随着生活水平的不断提升,科学合理地调配现有医疗资源成为目前迫在眉睫的社会问题。

虞颖映、辛均益、胡海翔、奚莱蕾、王宏宇、章媛在论文《国内外医院预约诊疗服务系统现状及发展策略分析》中提到:欧美地区已经普遍实现完全预约诊疗服务。由于欧美国家的医生和医院并非简单雇佣关系,且多数家庭都有自己的家庭医生,病人就诊一般都会先与家庭医生预约。除非急诊,很少有人直接到医院就诊。而且没有预约医院一般也不会接诊。如美国麻省总医院门诊量一年 160 万人次,但由于预约服务完善,病人只需按照预约时间就诊,医院里的人流量不会太大,也不会感觉嘈杂。

相较于国外的医院预约挂号信息化管理,国内的起步较晚,目前国内的大多数医院还是以传统的线下预约或者电话预约的方式来进行挂号,部分一线城市的大医院相继引进了网上预约挂号系统,但由于早期的网页界面的设计不够人性化,系统稳定性不高,并且电话在当时还是主流的沟通工具,患者预约时更容易想到的是通过拨打电话的方式。所以网上预约在当时并没有流行起来。

本项目旨在实行规范合理的预约制度,设计并落地先进的预约挂号管理系统,可以极大地提升医院的门诊预约服务质量,提高医疗服务效率,使得医疗资源可以十分有效地分配,减少患者就医时的等待时间,有利于医院和患者的双向信息交流。

6.1.3　国内外研究现状分析

1. 国外预约诊疗服务概况

欧美地区：大部分完成了完全预约就医服务。日本：部分专科完全预约制度。在日本只有牙科推行预约制，儿科近几年使用预约制的医院和诊所的比例也在增加。其余综合诊所、大学医院诊疗流程基本与我国传统就诊模式相同，即患者需要先挂号，然后去指定科室提交自己的病历，在等候室等待工作人员呼叫就诊。

2. 国内预约诊疗服务概况

2019 年《国务院办公厅关于加强三级公立医院绩效考核工作的意见》指出，"改善医疗服务行动计划"的关键任务包括建立科学的门诊预约制度、缩短患者等待就诊时间、优化预约流程。在国内一些大型医院已经率先尝试建立预约诊疗服务，各地方医院已经陆续进行了各种形式的预约挂号服务，包括网络预约、电话预约等。

然而，目前还有很多医院没有自己的预约挂号系统，急需这样的系统来节省时间和人力的耗费，提高医院的服务效益。

⚷ 6.2　概要设计

6.2.1　系统分析

经济可行性：网上预约挂号系统可以给医院节省更多时间和人力，带来更多效益。开发本项目仅仅需要一台电脑和必需的开发工具，没有太大的成本开销。使用的技术可以通过网上查找，或者阅读书籍资料获得，成本不高。

技术可行性：目前国内存在很多已经实现的优秀网上预约挂号平台。实现本项目运用的技术主要是 Java、JS、SQL 语言，结合 Springboot、Mybatis、Vue.js 等框架实现，这些技术已经非常成熟。

本项目是以湖北经济学院校医院为对象进行研究，主要运用场景是校园内学生挂号就医，因此本系统可以分为管理员模块、医生模块、学生模块三个模块。

1. 管理员模块功能需求分析

登录：输入用户名、密码和验证码。登录成功后，进入首页，加载医院信息，并根据角色获取菜单。

医生管理：增、删、查、改医生信息，在新增医生后自动产生他的排班信息。

患者（也即学生）管理：查看学生信息，并且可以禁用学生账号。

操作员管理：查看操作员信息，可以删除和禁用操作员，可以更新操作员所拥有的角色。

医院信息管理：查看和修改医院信息。

科室信息管理：科室信息的增、删、查、改。

预约信息管理：查看预约信息。

角色信息管理：增、删、查角色信息，在更改某角色的菜单权限后，接着修改具有该角色操作员的菜单。

医生排班管理：查看和更改医生排班信息。

管理员模块用例图可由以上讨论得出，如图 6-1 所示。

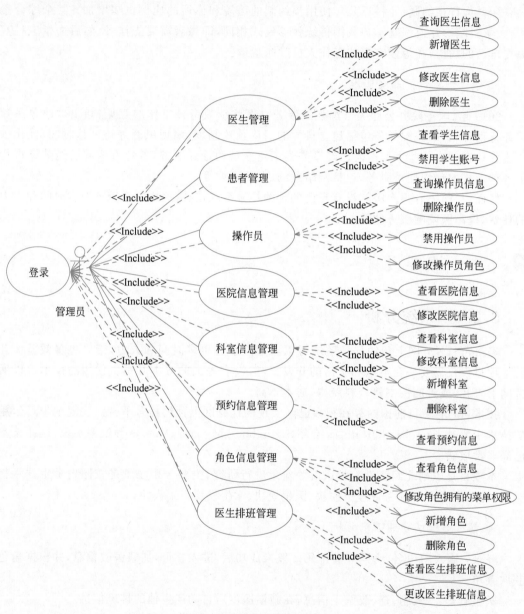

图 6-1 管理员模块用例图

2. 医生模块

登录：输入用户名、密码和验证码。登录成功后，进入首页，加载医院信息，获取医生的菜单。

查看个人信息及排班信息，可以修改个人信息。

查看当日的预约信息，可以确认学生是否来就诊。

查看历史预约信息。

根据以上分析得出医生模块用例图，如图 6-2 所示。

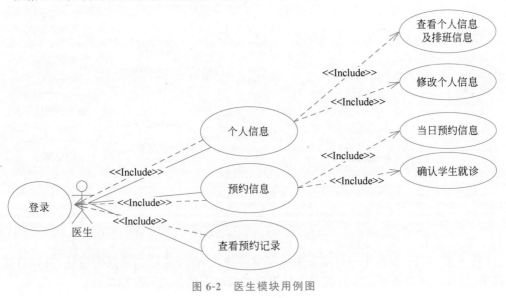

图 6-2　医生模块用例图

3. 学生模块

注册：注册一个账号。

登录：输入用户名、密码和验证码。登录成功后，进入首页，加载医院信息，获取学生的菜单。

查看和修改个人信息。不完善信息就不能进行预约操作。

预约挂号，查看医生信息，进行预约挂号。

查看预约记录，可以取消预约。

查看科室信息。

用例图如图 6-3 所示。

4. 非功能需求分析

系统的开发，不仅要尽量实现需求分析时提出的功能，也要确保系统本身的非功能的特性。下面将对非功能方面的特性作介绍。

（1）安全性：在系统安全性方面，使用 Spring Security 和 Json Web Token，在确保用户账户的安全性的同时，控制权限并为不同的用户分配不同的角色。每个角色都有访问不同资源的权限，这样就能控制用户访问的资源，增强了系统的安全性。

（2）响应速度和处理能力：在 Redis 中存储常用数据可以提高系统的响应速度和处理能力。尽管网络在操作过程中会影响 Web 系统的速度，但是有必要在系统处理信息的能力上追求更高的效率。

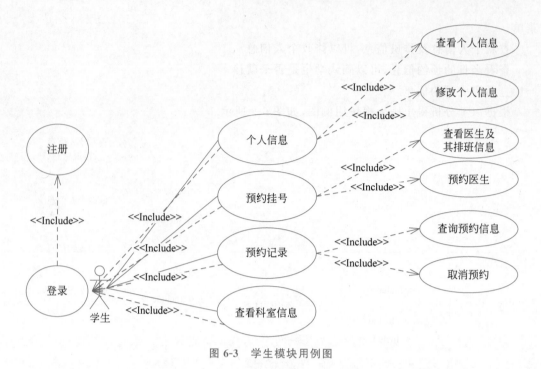

图 6-3　学生模块用例图

（3）可扩展性：根据本项目动态生成菜单的特点，在需要增加功能的时候，可以直接增加菜单，这样就可以在不需要对源码进行更改的情况下增加或者删除功能。

6.2.2　技术框架

本系统使用 IDEA、SpringBoot 框架、JWT 等相关技术，其中使用 IDEA 和 Visual Studio Code 为载体，IDEA 具有良好的代码提示功能，可提高编写程序的效率，Visual Studio Code 是一款不需要付费的、开放源码的、轻量的前端代码编写工具。

SpringBoot 框架能够很好地与 Spring 相关技术进行整合，如 SpringMVC、Spring Security 等，SpringBoot 在简化系统开发的同时，也有利于系统的维护和扩展。

（1）SpringBoot。

SpringBoot 是基于 Spring 的 4.0 版本设计的，承载了原有 Spring 框架的优秀基因，为简化 Spring 项目配置而生，能轻松地创建独立的、可生产的、基于 Spring 的且能直接运行的应用程序。

（2）Mybatis。

Mybatis 是一款持久层框架。Mybatis 主要采用 XML 作为连接数据库和 Java 代码的配置文件，利用分层的思想提高了系统的灵活性。

（3）Redis。

Redis 是一种高性能的 Key-Value 内存型的数据库，可以支持 List、String、Hashset 和 Set 等数据结构，并且能够将数据保存到数据库中。Redis 具有非常高的读写性能，在一般的 4 核心 CPU 和 8GB 内存的 PC 上可以达到每秒 110 000 次读取操作、每秒 81 000 次写入操作。

（4）Spring Security。

Spring Security 是一个安全框架。其提供了一组可以在 Spring 应用上下文中配置的

Bean 及相关的配置文档，借助 IOC（控制反转），DI（依赖注入）和 AOP（面向切面编程）功能将用户身份认证进行统一管理，从而实现对资源访问的综合管控与维护。Spring Security 核心组件如图 6-4 所示。

图 6-4　Spring Security 核心组件

（5）JWT(Json Web Token)。

JWT 是一种基于 JSON 格式的开放标准，在 Web 应用环境下，可以使用它在各方之间传递声明信息。JWT 令牌具有紧凑性和 URL 安全性，它的典型应用场景是在网络中传递认证用户的身份信息。JWT 认证系统的优势在于易于扩展、可复用、安全性、高效率等。

（6）Swagger2。

Swagger2 可以在线自动产生 RESTful 接口文档，通过文档进行功能测试。

（7）Vue.js。

Vue 是一套用于构建用户界面的渐进式框架，被设计为可以自下向上逐层应用，它的核心库只关注视图层，不仅易于上手，还便于与第三方库或既有项目整合。另一方面，当与现代化的工具链以及各种支持类库结合使用时，Vue 也完全能够为复杂的单页应用提供驱动。

（8）Element UI。

Element UI 是一套基于 Vue 的组件库。Element UI 由"饿了么"公司团队开发并开源。Element UI 实现了 HTML 应用常见的组件，如布局、菜单、文本框、按钮、下拉选择、表单、数字输入、日期输入、开关输入、文件上传、表格、分页、图标、通知、消息，这些组件在原生 HTML 元素基础上，增强了用户体验，同时允许开发者自定义组件样式。基于 Element UI 组件库，可快速实现满足企业应用要求、具备良好的用户体验的应用模板。

6.3　详细设计

6.3.1　界面设计

1. 用户登录活动图

场景名称：用户登录。

参与者实例：操作员、医生、学生。

前置条件：拥有账号。

主事件流：

① 用户输入自己的用户名、密码以及系统生成的验证码，单击"登录"按钮。

系统验证登录信息，验证成功跳转到首页并加载首页信息。

辅事件流：

用户名或密码错误，提示"用户名或密码错误"，再转入主事件流①。

验证码错误，弹出提示框，提示内容为"验证码错误"，再转入主事件流①。

账号被禁用，弹框提示"账户被冻结，请联系管理员"，再转入主事件流①。

后置条件：登录成功。

用户登录活动图如图 6-5 所示。

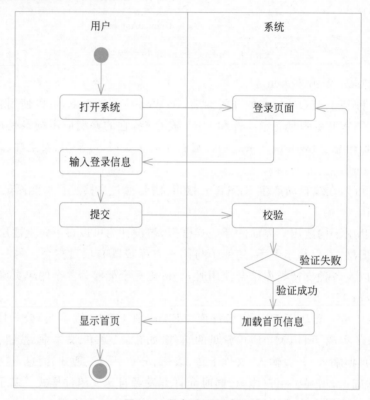

图 6-5　用户登录活动图

2. 管理员医生管理活动图

场景名称：医生管理。

参与者实例：操作员。

前置条件：登录系统。

主事件流：

① 管理员进入医生管理页面，分页加载医生信息，单击"添加医生"按钮，弹出表单填写对应信息，单击"确认添加"按钮，向系统后端发送请求，以尝试将一条医生数据插入数据库表中，同时生成与该医生相关联的排班数据。添加成功后，弹出框提示"添加成功"，刷新表格。

② 修改医生,选择要修改的一条记录,单击"编辑"按钮,在弹出的表单中填写相关信息,然后单击"确定"按钮。修改成功,弹出框提示"修改成功",刷新表格。

③ 查看医生信息,选择一条数据,单击"查看"按钮,弹出完整的医生信息,刷新表格。

④ 删除医生,选择一条数据,单击"删除"按钮,弹出框提示"确认删除";单击"确认"按钮,后台删除医生数据及其关联的班次数据,弹出框提示"删除成功",刷新表格。

辅事件流:

如果信息没有填写或者格式错误,则提示错误信息,再转入主事件流①或②。

如果没有选择数据,弹框提示"请选择一条数据",再转入主事件流②或③或④。

后置条件:成功添加、修改或成功删除。

医生管理活动图如图 6-6 所示。

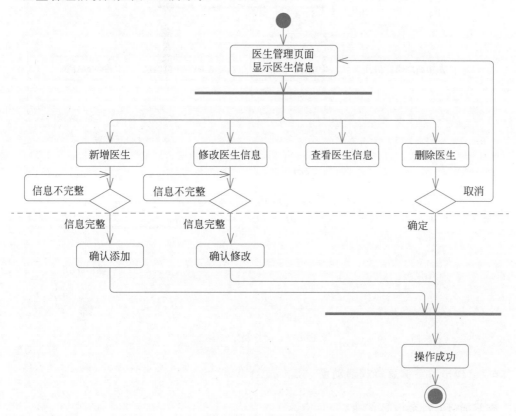

图 6-6　医生管理活动图

3. 管理员操作员管理活动图

场景名称:操作员管理。

参与者实例:管理员。

前置条件:登录系统。

主事件流:

管理员查看操作员管理页面,右方展示操作员相关信息;单击"禁用/启用"按钮可以禁用/启用操作员,弹框提示"禁用/启用成功"。

删除操作员，单击"删除"按钮，弹框提示"确认删除"；单击"确认"按钮，后台删除操作员数据及其关联的角色数据，弹框提示"删除成功"，刷新页面。

修改操作员角色，单击"修改角色"按钮，选择要修改的数据，单击下拉框外边任意地方触发更新角色事件，弹框提示"更新成功"，刷新页面。

后置条件：禁用/启用成功或删除成功或更新成功。

操作员活动图如图 6-7 所示。

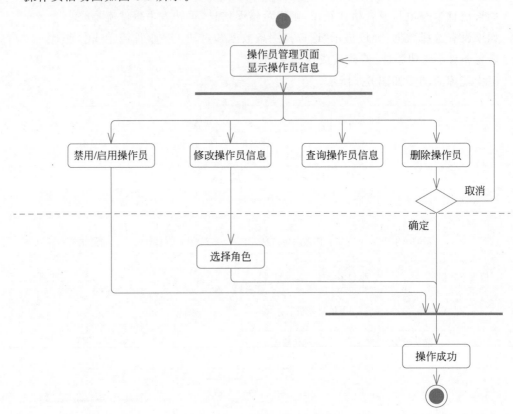

图 6-7　操作员活动图

4. 管理员科室信息管理活动图

场景名称：科室信息管理。

参与者实例：管理员。

前置条件：登录系统。

主事件流：

① 管理员进入科室信息管理页面，显示科室信息；单击"添加科室"按钮，弹出表单填写对应信息，单击"确认添加"按钮，向系统后台发送请求尝试向数据库表中插入一条数据。添加成功后弹出提示框，内容为"添加成功"，刷新表格。

② 修改科室，单击"编辑"按钮，弹出表单填写对应信息，后台更新科室表中的数据。成功之后，弹框提示"更新成功"，刷新表格。

③ 删除科室，单击"删除"按钮，弹框提示"确认删除"；单击"确认"按钮，后台删除科室

数据，弹框提示"删除成功"，刷新表格。

辅事件流：

如果信息没有填写或者格式错误，则提示错误信息，再转入主事件流①或②。

执行删除操作时，如果该科室关联的有医生，则弹框提示"该科室关联的有医生，不能删除"。

后置条件：成功添加、修改或成功删除。

科室信息管理活动图如图 6-8 所示。

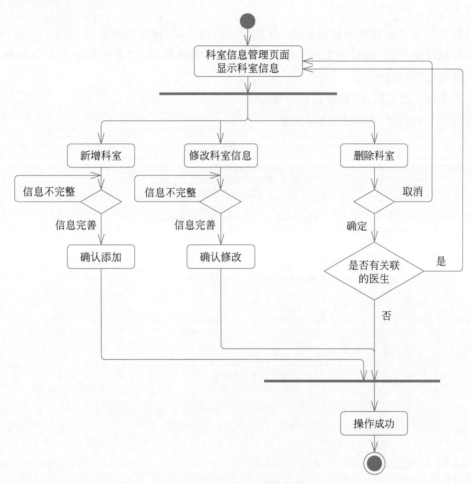

图 6-8 科室信息管理活动图

5. 管理员角色信息管理活动图

场景名称：角色信息管理。

参与者实例：操作员。

前置条件：登录系统。

主事件流：

管理员进入角色信息管理页面，显示角色信息；表单填写对应信息，单击"添加"按钮，向系统后台发送请求尝试向数据库表中插入一条数据。添加成功后弹框提示"添加成功"，刷新页面。

修改角色拥有的菜单权限，单击要修改的角色，选择菜单权限，后台更新角色菜单中间表中的数据。修改成功，后台更新拥有该角色的管理员的菜单，弹框提示"修改成功"，刷新表格。

删除角色，单击"删除"按钮，弹框提示"确认删除"；单击"确认"按钮，后台删除角色数据，弹框提示"删除成功"，刷新页面。

辅事件流：

如果信息没有填写或者格式错误，则提示错误信息，再转入主事件流①；

执行删除操作时，如果该角色关联的有操作员，则弹框提示"请先移除拥有该角色的管理员或其拥有的该角色"。

后置条件：成功添加、修改或成功删除。

角色信息管理活动图如图 6-9 所示。

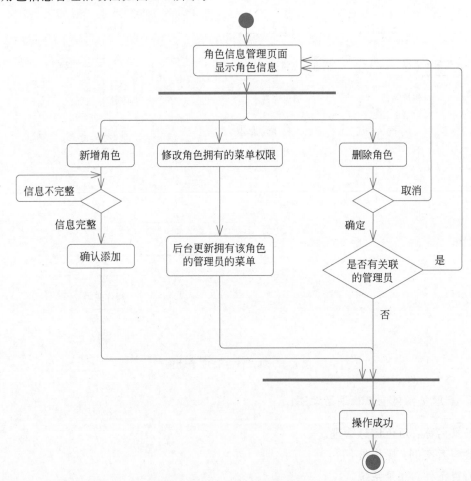

图 6-9　角色信息管理活动图

6. 医生预约信息管理活动图

场景名称：预约信息管理。

参与者实例：医生。

前置条件：登录系统。

主事件流：

医生进入预约信息管理页面，显示当天的学生预约信息；学生来看医生后，单击"已就诊"按钮，后台会将学生的预约状态更新为已就诊，该按钮将被禁用，并刷新页面。

辅事件流：

每天设定定时任务：医生下班之后(18:00)系统将所有没来就诊的学生预约状态改为缺诊，违约达到三次之后会冻结该学生账号。

后置条件：改变学生预约状态。

预约信息管理活动图如图 6-10 所示。

图 6-10　预约信息管理活动图

7. 学生预约挂号活动图

场景名称：预约挂号。

参与者实例：学生。

前置条件：登录系统，完善信息。

主事件流：

① 学生进入预约挂号页面，显示医生信息及其排班信息；学生选择日期和医生后，单击"预约"按钮进行预约挂号，向系统后台发送请求尝试向数据库表中插入一条数据。添加成功后弹框提示"预约成功"。

辅事件流：

如果没有选择医生，弹出提示框，内容为"请选择一条数据"，再转入主事件流①。

如果没有完善信息，弹框提示"请先完善个人信息"，再转入主事件流①。

如果该学生当日预约过这名医生，则提示"已预约，不能重复预约"，再转入主事件流①。

如果该学生预约次数已用完(3 次)，则提示"预约次数已达到上限"，再转入主事件流①。

如果预约的医生当日预约名额已满(半天 5 个名额，全天 10 个名额)，则提示"该医生当天预约名额已满"，再转入主事件流①。

后置条件：预约成功。

预约挂号活动图如图 6-11 所示。

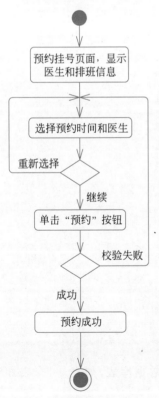

图 6-11　预约挂号活动图

6.3.2　数据库设计

本系统实体之间的关系为：管理员具有一个或多个角色，并且一个角色可以由多个管理员拥有，因此，管理员与角色之间的关系为多对多（$m:n$）；一个角色可以有多个菜单，而一个菜单可以由多个角色拥有，因此，角色和菜单之间的关系为多对多（$m:n$）；一名医生只能属于一个科室，一个科室可以有多名医生，因此科室与医生之间的关系为一对多（$1:n$）；一名医生能被多名学生预约，一名学生能预约多名医生，所以医生和学生的关系为多对多（$m:n$）。一名医生可以分配多个排班，一个排班分配给一名医生，所以医生和排班的关系为一对多（$1:n$）。

系统 E-R 图，如图 6-12 所示。

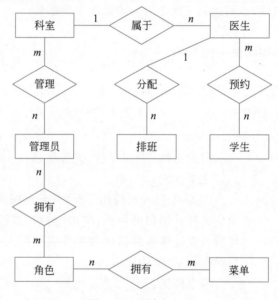

图 6-12　系统 E-R 图

各个实体属性图，如图 6-13～图 6-20 所示。

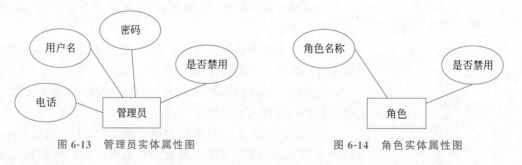

图 6-13　管理员实体属性图　　　　　图 6-14　角色实体属性图

逻辑结构设计：根据上面的数据库实体关系图，设计每个数据库表，如表 6-1～表 6-8 所示。

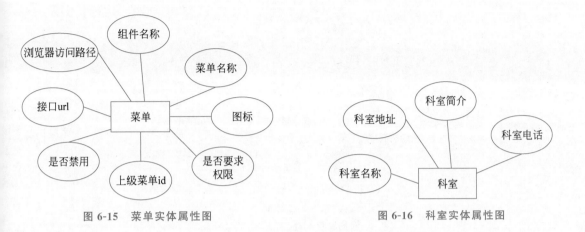

图 6-15　菜单实体属性图　　　　　　图 6-16　科室实体属性图

图 6-17　医生实体属性图

图 6-18　排班实体属性图

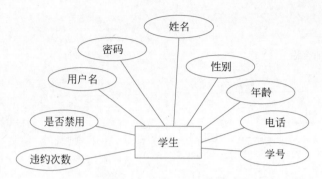

图 6-19　学生实体属性图

图 6-20　预约实体属性图

表 6-1　管理员表（t_admin）

字段名	数据类型	长度	非空	描　　述
id	int	11	是	管理员 id(主键)
created_time	datetime		是	创建时间
modified_time	datetime		是	修改时间
is_deleted	tinyint	1	是	是否删除(0:未删除,1:已删除)
remark	varchar	255	否	备注
phone	varchar	11	否	管理员电话
username	varchar	255	是	用户名
password	varchar	255	是	密码
is_enabled	tinyint	1	是	是否禁用(0:禁用,1:启用)

表 6-2　角色表（t_role）

字段名	数据类型	长度	非空	描　　述
id	int	11	是	角色 id(主键)
created_time	datetime		是	创建时间
modified_time	datetime		是	修改时间
is_deleted	tinyint	1	是	是否删除(0:未删除,1:已删除)
remark	varchar	11	否	备注
role_name	varchar	255	是	角色名称
is_enabled	tinyint	1	是	是否禁用(0:禁用,1:启用)

表 6-3　菜单表（t_menu）

字段名	数据类型	长度	非空	描　　　　述
id	int	11	是	菜单 id（主键）
created_time	datetime		是	创建时间
modified_time	datetime		是	修改时间
is_deleted	tinyint	1	是	是否删除（0：未删除，1：已删除）
remark	varchar	11	否	备注
url	varchar	255	是	接口 url
path	varchar	255	否	浏览器访问路径
component	varchar	255	否	组件名称
menu_name	varchar	255	是	菜单名称
icon	varchar	255	否	图标
require_auth	tinyint	1	是	是否需要权限
patient_id	int	11	否	上级菜单 id
is_enabled	tinyint	1	是	是否禁用（0：禁用，1：启用）

表 6-4　科室表（t_department）

字段名	数据类型	长度	非空	描　　　　述
id	int	11	是	角色 id（主键）
created_time	datetime		是	创建时间
modified_time	datetime		是	修改时间
is_deleted	tinyint	1	是	是否删除（0：未删除，1：已删除）
remark	varchar	11	否	备注
name	varchar	255	是	科室名称
address	varchar	255	是	科室地址
introduction	varchar	255	是	科室简介
phone	varchar	11	是	科室电话

表 6-5　医生表（t_doctor）

字段名	数据类型	长度	非空	描　　　　述
id	int	11	是	菜单 id（主键）
created_time	datetime		是	创建时间
modified_time	datetime		是	修改时间
is_deleted	tinyint	1	是	是否删除（0：未删除，1：已删除）
remark	varchar	11	否	备注
username	varchar	255	是	用户名
password	varchar	255	是	密码
name	varchar	255	是	姓名
gender	tinyint	1	是	性别（0：男，1：女）
birth	date		是	生日
age	int	11	是	年龄
phone	varchar	11	是	电话
title	varchar	255	是	职称
fee	decimal	6,2	是	挂号费

续表

字段名	数据类型	长度	非空	描　述
is_expert	tinyint	1	是	是否为专家号(0:不是,1:是)
introduction	varchar	255	是	简介
departmentName	varchar	255	是	所属科室名称
is_enabled	tinyint	1	是	是否禁用(0:禁用,1:启用)
department_id	int	11	是	科室 id,关联科室表

表 6-6　排班表(t_schedule)

字段名	数据类型	长度	非空	描　述
id	int	11	是	菜单 id(主键)
created_time	datetime		是	创建时间
modified_time	datetime		是	修改时间
is_deleted	tinyint	1	是	是否删除(0:未删除,1:已删除)
remark	varchar	11	否	备注
monday	int	1	否	0:休息,1:上午,2:下午,3:全天
tuesday	int	1	否	0:休息,1:上午,2:下午,3:全天
wednesday	int	1	否	0:休息,1:上午,2:下午,3:全天
thursday	int	1	否	0:休息,1:上午,2:下午,3:全天
friday	int	1	否	0:休息,1:上午,2:下午,3:全天
saturday	int	1	否	0:休息,1:上午,2:下午,3:全天
sunday	int	1	否	0:休息,1:上午,2:下午,3:全天
doctor_id	int	11	是	医生 id,关联医生表

表 6-7　学生表(t_patient)

字段名	数据类型	长度	非空	描　述
id	int	11	是	菜单 id(主键)
created_time	datetime		是	创建时间
modified_time	datetime		是	修改时间
is_deleted	tinyint	1	是	是否删除(0:未删除,1:已删除)
remark	varchar	11	否	备注
username	varchar	255	是	用户名
password	varchar	255	是	密码
name	varchar	255	否	姓名
gender	tinyint	1	否	性别(0:男,1:女)
age	int	11	否	年龄
phone	varchar	11	否	电话
stu_number	varchar	255	否	学号
count	int	11	是	违约次数
is_enabled	tinyint	1	是	是否禁用(0:禁用,1:启用)

表 6-8　预约表(t_appoint)

字段名	数据类型	长度	非空	描　述
id	int	11	是	管理员 id(主键)
created_time	datetime		是	创建时间

续表

字段名	数据类型	长度	非空	描　　述
modified_time	datetime		是	修改时间
is_deleted	tinyint	1	是	是否删除(0:未删除,1:已删除)
remark	varchar	255	否	备注
appoint_date	date		是	预约日期
appoint_day	varchar	20	是	预约在星期几的上午、下午或全天
doctor_id	int	11	是	医生 id,关联医生表
patient_id	int	11	是	学生 id,关联学生表
is_finished	int	1	是	0:未就医,1:已就医, 2:缺诊,3:取消预约

6.3.3　关键技术和方法

使用了统一日志管理、Swagger2、公共返回类、统一异常处理类、axios、定时任务、Spring Security 等技术和方法。

（1）使用统一日志,记录不同级别的日志,方便查找系统中的错误,如图 6-21 所示。

（2）使用 Swagger2 自动产生接口文档,以方便来测试接口,如图 6-22 所示。

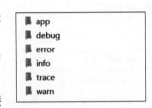

图 6-21　不同级别的日志

图 6-22　Swagger2 文档

（3）使用公共返回类返回给前端数据,统一的返回结果,能够使前端方便地处理响应结果,公共返回类如图 6-23 所示。

（4）使用统一异常处理类,通过公共返回类返回异常结果和统一的错误码,前端通过错误码可以很容易定位到错误,并且还能根据不同的错误码给出用户不同的返回信息,统一异常处理类和统一错误码如图 6-24 和图 6-25 所示。

（5）前端使用 axios(一个基于 promise 的 HTTP 库)配置请求拦截器,统一携带 token 令牌请求后台接口;配置响应拦截器,根据响应的状态码和返回结果的错误码,统一处理错

```java
/**
 * 公共返回结果
 */
@Data
public class Result {

    @ApiModelProperty(value = "是否成功")
    private Boolean isSuccess;
    @ApiModelProperty(value = "错误码")
    private String code;
    @ApiModelProperty(value = "返回信息")
    private String message;
    @ApiModelProperty(value = "返回数据")
    private Object data;

/**
 * 构造方法私有化，里面都是静态方法
 */
private Result() {

}
```

图 6-23　公共返回类

```java
@RestControllerAdvice
@Slf4j
public class GlobalExceptionHandler {

    /**
     * 全局异常处理，作为系统异常返回给前端
     * @param e
     * @return
     */
    @ExceptionHandler(Exception.class)
    @ResponseBody
    public Result error(Exception e) {
        log.error(e.getMessage());
        return Result.error().code(ResultCode.SYSTEM_ERROR.getCode()).
                message(ResultCode.SYSTEM_ERROR.getMessage());
    }

    /**
     * 自定义错误信息
     * @param e
     * @return
     */
    @ExceptionHandler(BusinessExceptionHandler.class)
    @ResponseBody
    public Result error(BusinessExceptionHandler e) {
        log.error(e.getMessage());
        return Result.error().code(e.getErrCode())
                .message(e.getErrMsg()) ;
    }

}
```

图 6-24　统一异常处理类

```java
/**
 * A0210: "用户密码错误"
 */
USER_PASSWORD_ERROR("A0210", "用户名或密码错误"),
/**
 * A0230: "用户登录已过期"
 */
USER_LOGIN_EXPIRED("A0230", "登录已过期"),
/**
 * A0240: "用户验证码错误"
 */
USER_VERIFICATION_CODE_ERROR("A0240", "验证码输入错误,请重新输入"),
/**
 * A0300: "访问权限异常"
 */
ACCESS_PERMISSION_EXCEPTION("A0300", "访问权限异常"),
/**
 * A0312: "无权限使用API"
 */
NO_PERMISSION_TO_USE_API("A0312", "无权限使用API"),
/**
 * B0001: "系统执行错误"
 */
SYSTEM_ERROR("B0001", "系统执行错误"),
```

图 6-25　统一错误码

误提示。请求拦截器和响应拦截器如图 6-26 和图 6-27 所示。

```javascript
//请求拦截器,设置请求
axios.interceptors.request.use(config => {
    let tokenStr = window.sessionStorage.getItem("tokenStr");
    //如果存在token, 发送请求时携带token
    if (tokenStr) {
        config.headers['Authorization'] = tokenStr;
    }
    return config;
}, error => {
    console.log(error);
});
```

图 6-26　请求拦截器

```
//响应拦截器,统一处理错误提示
axios.interceptors.response.use(success => {
    // console.log(success)
    //成功访问到接口
    if (success.status && success.status == 200) {
        if (!success.data.isSuccess) {
            Message.error({
                message: success.data.message
            });
            return;
        } else {
            if (success.data.message != "成功") {
                Message.success({
                    message: success.data.message
                });
            }
        }
        return success.data;
    }
}, error => {
    //访问接口失败
    if (error.response.code == 504 || error.response.code == 404 || error.response.code == 500) {
        Message.error({
            message: "服务器被吃啦！"
        });
    } else if (error.response.code == 403) {
        Message.error({
            message: "权限不足,请联系管理员"
        });
    } else if (error.response.code = "A0200") {
        Message.error({
            message: "尚未登录,请登录"
        });
        router.replace("/");     //跳转到登录页
    } else {
        if (error.response.data.message) {
            Message.error({
                message: error.response.data.message
            })
        } else {
            Message.error({
                message: "未知错误"
            })
        }
    }
    return;
});
```

图 6-27　响应拦截器

（6）使用定时任务,本系统需要每天检测缺诊的学生,通过定时任务可以很好地解决这个问题,定时任务类如图 6-28 所示。

```
@Configuration
@EnableScheduling    //用在类上，用来标志这个类是一个定时任务类
public class TaskConfig {

    @Autowired
    private PatientService patientService;

    @Scheduled(cron = "0 0 18 * * ?")  //用在方法上，定时任务方法
    //cron 每天18:00执行一次
    public void task() {

        patientService.absentPatient();

    }

}
```

图 6-28　定时任务类

（7）使用 Spring Security 进行权限控制,保护接口安全。权限控制配置类如图 6-29 所示。

```
@Override
protected void configure(HttpSecurity http) throws Exception {
    http.csrf()
            .disable()
            //基于token 不需要session
            .sessionManagement()
            .sessionCreationPolicy(SessionCreationPolicy.STATELESS)
            .and()
            .authorizeRequests()
            .anyRequest()
            .authenticated()
            //动态权限配置
            .withObjectPostProcessor(new ObjectPostProcessor<FilterSecurityInterceptor>() {
                @Override
                public <O extends FilterSecurityInterceptor> O postProcess(O o) {
                    o.setAccessDecisionManager(customUrlDecisionManager);
                    o.setSecurityMetadataSource(customFilter);
                    return o;
                }
            })
            .and()
            //禁用缓存
            .headers()
            .cacheControl();
    //添加jwt 登录授权过滤器
    http.addFilterBefore(jwtAuthenticationTokenFilter(), UsernamePasswordAuthenticationFilter.class);
    //添加自定义未授权和未登录结果返回
    http.exceptionHandling()
            .accessDeniedHandler(restAccessDeniedHandler)//未授权
            .authenticationEntryPoint(restAuthorizationEntryPoint);//未登录
}
```

图 6-29　权限控制配置类

🔍 6.4　测试报告

6.4.1　接口测试

工具简介：目前前后端分离成为主流技术，前端主要对页面进行渲染和开发，后端的注意力放在服务器和接口开发上，两者之间用 API 进行数据传输。因此，API 接口测试越来越需要得到重视。Swagger2 是专门为 API 文档和测试创建的框架。

测试结果分析如图 6-30 和图 6-31 所示。

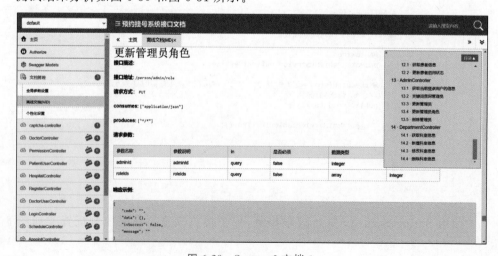

图 6-30　Swagger2 文档 1

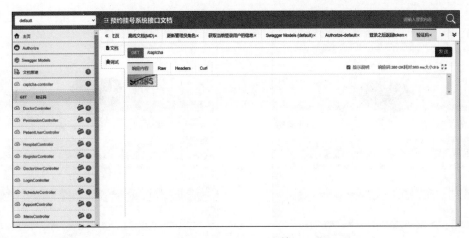

图 6-31　Swagger2 文档 2

6.4.2　功能测试

用户登录用例：用户登录时输入用户名、密码以及系统生成的验证码，和后台数据库中的对应用户匹配之后则登录成功，否则失败。可能的失败情况主要有用户名密码错误、验证码错误、账号被冻结等。具体用例测试如表 6-9 所示。图 6-32～图 6-35 是不同情况下的截图展示。

表 6-9　用户登录用例测试

名　　称	操　　作	结　　果	测 试 结 果
用户登录	输入错误用户名或密码	图 6-32	同预期
用户登录	输入错误验证码	图 6-33	同预期
用户登录	输入已被冻结的账号	图 6-34	同预期
用户登录	输入正确账号	图 6-35	同预期

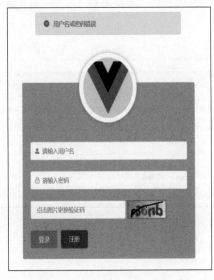

图 6-32　输入错误用户名或密码

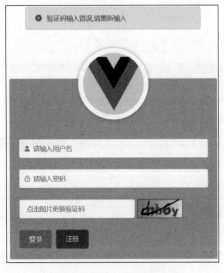

图 6-33　输入错误验证码

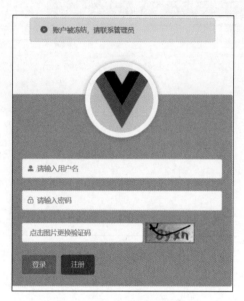

图 6-34　输入已被冻结的账号

图 6-35　输入正确账号

　　学生挂号预约用例：用例测试如表 6-10 所示。学生选择预约日期和医生进行挂号预约，如果该学生没有完善信息、预约次数已经用完、预约的医生预约名额已经用完、该学生已经在当日预约过该医生都会预约失败。图 6-36～图 6-41 为各种情况下的截图展示。

表 6-10　学生挂号预约用例测试

名　称	操　作	结果	测试结果
学生挂号预约	该学生未完善信息	图 6-36	同预期
学生挂号预约	该学生已经在当日预约过该医生，重复预约	图 6-37	同预期
学生挂号预约	该学生预约次数已经用完	图 6-38	同预期
学生挂号预约	预约的医生预约名额已经用完	图 6-39	同预期
学生挂号预约	过了当天预约时间	图 6-40	同预期
学生挂号预约	成功预约	图 6-41	同预期

图 6-36　未完善信息

图 6-37　重复预约

图 6-38　预约次数已经用完

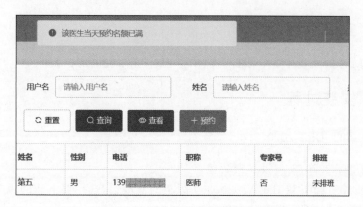

图 6-39　医生预约名额已经用完

图 6-40　过了当天预约时间

图 6-41　成功预约

6.5　安装方法

6.5.1　安装环境及要求

JDK 1.8、Maven 3.5.4、MySQL 5.5、Vue 2.6.11、Redis 3.2.100。

6.5.2　安装过程

1. 安装 IntelliJ IDEA 2020.3.4

(1) 下载 IDEA2020.3.4 版本安装包。

首先从 IDEA 官网下载 IDEA2020.3.4 版本的安装包,选择要下载的版本,单击"下载"按钮,静心等待其下载完毕即可。

(2) 安装 IDEA2022.1 版本。

在 PC 端双击打开刚刚下载好的 idea.exe 格式安装包,如图 6-42 所示。

默认单击 Next 按钮,直到出现如图 6-43 所示的界面,单击 Install 按钮。

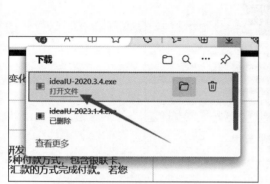

图 6-42　打开下载好的安装包

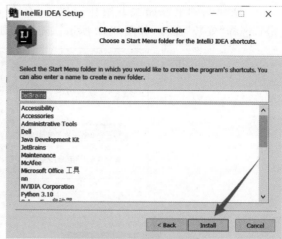

图 6-43　单击 Install 按钮

IDEA 运行成功后,会弹出如图 6-44 所示的对话框。单击 Evaluate 按钮,试用 30 天。

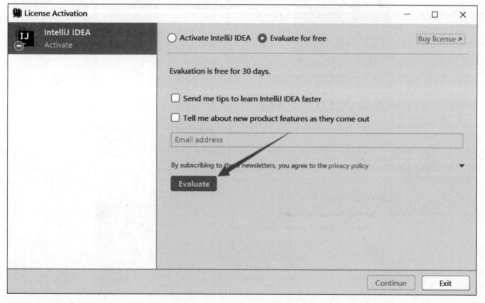

图 6-44　单击 Evaluate 按钮

2. 安装 MySQL 5.5

官网地址为 https://www.mysql.com/。

（1）安装注意事项如下。

该软件适用于 Windows 7/8/10/11,且安装全程断网；下载、解压和安装都应该在英文路径下进行；解压安装前关闭所有杀毒软件,Windows 10/11 系统需关闭 Windows Defender 的实时保护。

（2）下载到英文路径并解压完成后，右击 mysql-5.5.58-winx64.msi 文件（或直接双击），选择"安装"命令，如图 6-45 所示。随后按如图 6-46 和图 6-47 所示操作即可。

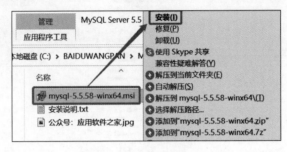

图 6-45　安装显示

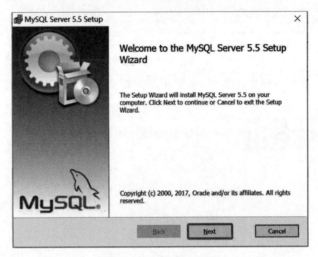

图 6-46　安装界面 1

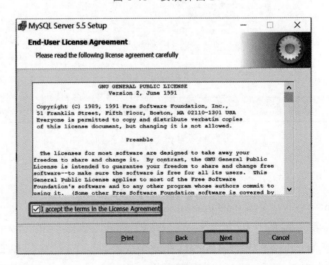

图 6-47　安装界面 2

（3）选择 Custom 进行自定义安装，主要是为了查看软件的安装路径，且可自行更改安装位置，随后按如图 6-48～图 6-52 所示操作即可。

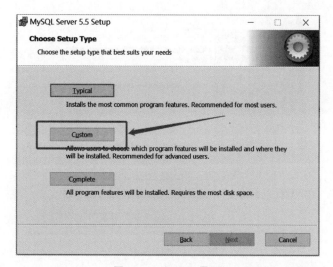

图 6-48　Custom 界面

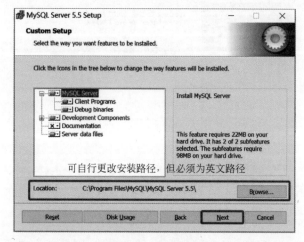

图 6-49　Next 界面

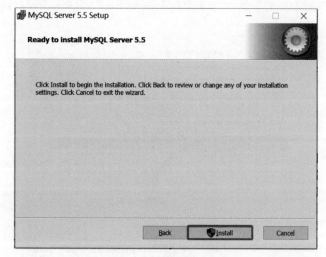

图 6-50　Install 界面

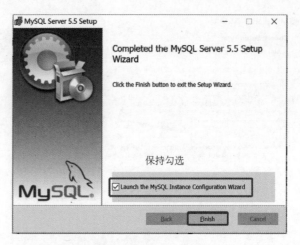

图 6-51　Finish 界面

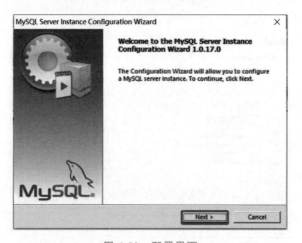

图 6-52　配置界面

（4）若之前曾安装过 MySQL 的其他版本且又卸载，则可能会进入选择安装版本的界面，选择安装本文 MySQL 5.5 版本。若之前从未安装过 MySQL，则忽略此步即可。选择版本界面如图 6-53 所示。

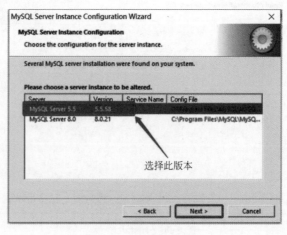

图 6-53　选择版本界面

（5）随后按如图 6-54～图 6-59 所示安装即可。

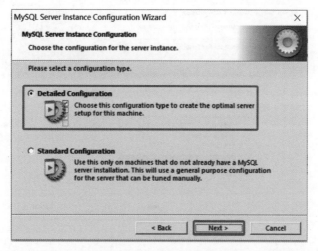

图 6-54 配置向导界面 1

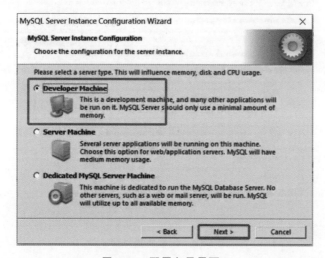

图 6-55 配置向导界面 2

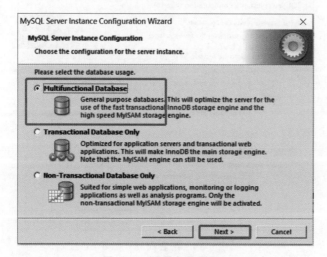

图 6-56 配置向导界面 3

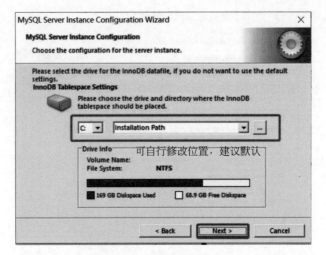

图 6-57　配置向导界面 4

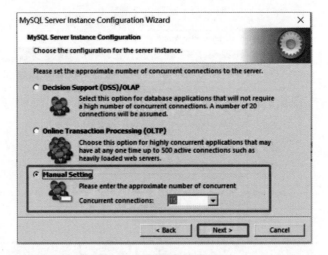

图 6-58　配置向导界面 5

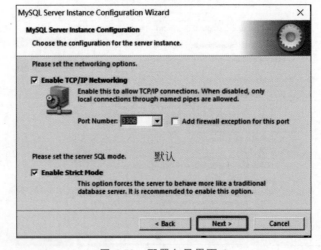

图 6-59　配置向导界面 6

（6）设置 MySQL 要使用的字符编码，选择第三个手动，单击下拉框，选择 utf8 或 gbk，随后单击 Next 按钮，如图 6-60 和图 6-61 所示。

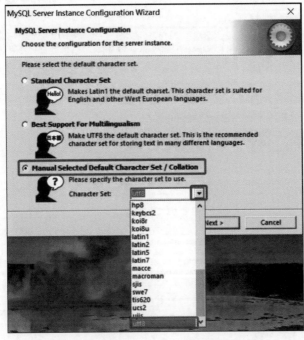

图 6-60　选择字符编码

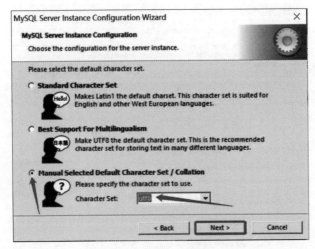

图 6-61　Next 界面

（7）按图 6-62 所示，勾选所有选项，随后单击 Next 按钮。

（8）如图 6-63 所示界面，表示是否需要修改默认 root 用户的密码，框内默认是空的，可自行输入 root 密码，并勾选 Enable root access from remote machines 复选框，启用远程访问功能，单击 Next 按钮，随后单击 Execute 按钮，如图 6-64 所示。

（9）界面如图 6-65 所示，所有配置选项全部打钩，且提示"Service started successfully"表明安装成功，随后单击 Finish 按钮即可。

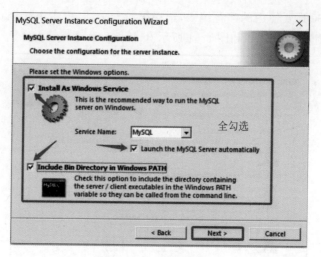

图 6-62　勾选界面

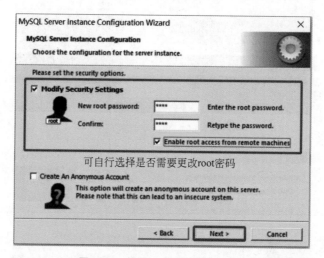

图 6-63　修改 root 用户密码界面

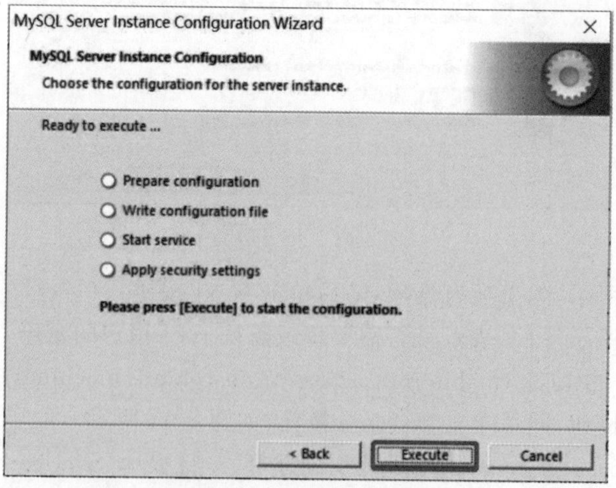

图 6-64　Execute 界面

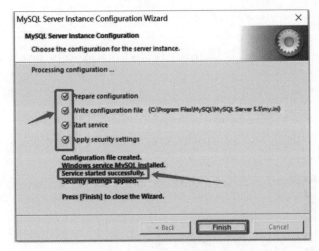

图 6-65　Finish 界面

（10）在"开始"菜单中找到并打开 MySQL 5.5 的命令行窗口，如图 6-66 所示。输入第（8）步设置的那个 root 密码，提示如图 6-67 所示，表明安装配置成功，可正常使用数据库。

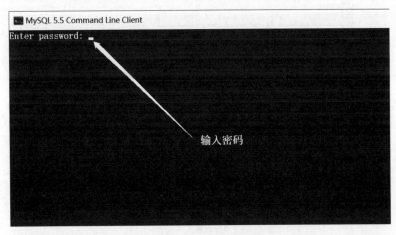

图 6-66　输入密码界面

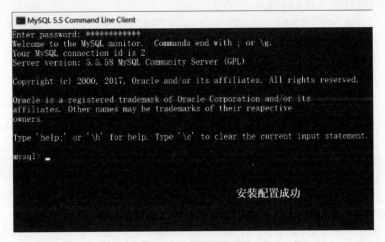

图 6-67　成功配置界面

3. 安装 JDK 1.8

Oracle 官方下载 JDK 链接：https://www.oracle.com/java/technologies/javase-downloads.html。

4. 安装 Maven 3.5.4

（1）打开网址 https://archive.apache.org/dist/maven/maven-3/，下载 Maven 3.5.4 安装包，如图 6-68 所示。

3.2.3/	2014-08-15 17:30	-
3.2.5/	2022-06-17 11:16	-
3.3.1/	2015-03-17 17:28	-
3.3.3/	2015-04-28 15:12	-
3.3.9/	2022-06-17 11:16	-
3.5.0-alpha-1/	2017-02-28 22:25	-
3.5.0-beta-1/	2017-03-24 10:48	-
3.5.0/	2017-10-04 10:47	-
3.5.2/	2018-05-04 11:19	-
3.5.3/	2018-05-04 11:19	-
3.5.4/	2022-06-17 11:16	-
3.6.0/	2018-10-31 16:43	-
3.6.1/	2019-09-03 16:54	-
3.6.2/	2019-09-03 20:13	-

图 6-68　Maven 3.5.4 安装包

单击图 6-68 所示的红色标示线内的安装包链接，转到新页面，如图 6-69 所示。

Name	Last modified	Size	Description
Parent Directory		-	
binaries/	2022-06-17 11:16	-	
source/	2022-06-17 11:16	-	

图 6-69　Maven 3.5.4 源文件

单击 source，打开页面，如图 6-70 所示。

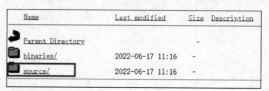

Name	Last modified	Size	Description
Parent Directory		-	
apache-maven-3.5.4-src.tar.gz	2018-06-17 19:05	2.6M	
apache-maven-3.5.4-src.tar.gz.asc	2018-06-17 19:05	236	
apache-maven-3.5.4-src.tar.gz.md5	2018-06-17 19:05	32	
apache-maven-3.5.4-src.tar.gz.sha1	2018-06-17 19:05	40	
apache-maven-3.5.4-src.tar.gz.sha256	2018-06-17 19:05	64	
apache-maven-3.5.4-src.tar.gz.sha512	2019-10-13 20:53	160	
apache-maven-3.5.4-src.zip	2018-06-17 19:05	4.3M	
apache-maven-3.5.4-src.zip.asc	2018-06-17 19:05	236	
apache-maven-3.5.4-src.zip.md5	2018-06-17 19:05	32	
apache-maven-3.5.4-src.zip.sha1	2018-06-17 19:05	40	
apache-maven-3.5.4-src.zip.sha256	2018-06-17 19:05	64	
apache-maven-3.5.4-src.zip.sha512	2021-06-02 19:41	128	

图 6-70　Maven 3.5.4 源文件压缩包

（2）单击图 6-70 所示的红色线框内的压缩包链接,下载解压到自己想要的位置,配置 Maven 系统变量。各文件夹的意思如图 6-71 所示。

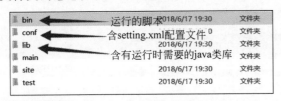

图 6-71　Maven 3.5.4 源文件介绍

① 右击桌面图标"此电脑"或者"计算机",选择"属性"命令,弹出对话框,如图 6-72 所示,单击"高级系统设置"。

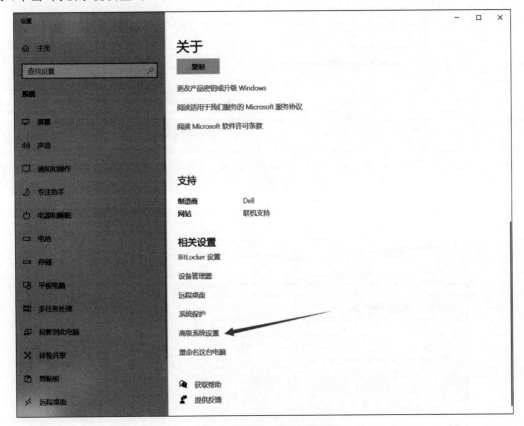

图 6-72　单击"高级系统设置"

② 单击"环境变量"按钮,如图 6-73 所示。

③ 在"系统变量"下单击"新建"按钮,如图 6-74 所示。

④ 在弹出的对话框中,变量名填 M2_HOME,变量值填刚才解压的 maven 目录,是 bin 的上一级目录,单击"确定"按钮,如图 6-75 所示。

⑤ 在系统变量中,找到 Path,选中后单击"编辑"按钮,如图 6-76 所示。

⑥ 在弹出的对话框中单击"新建"按钮,在最下面一行中填入％M2_HOME％in\bin,然后单击"确定"按钮,如图 6-77 所示。

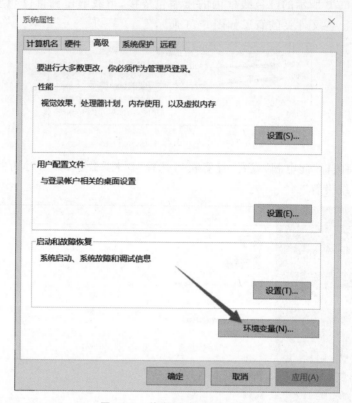

图 6-73 单击"环境变量"按钮

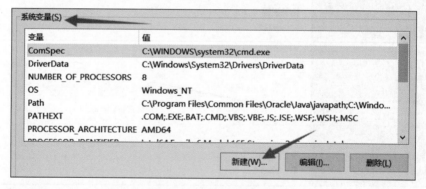

图 6-74 单击"新建"按钮

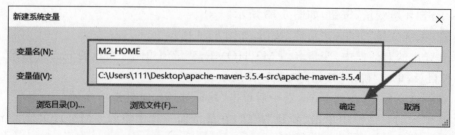

图 6-75 "新建系统变量"对话框

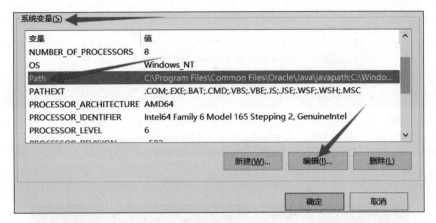

图 6-76　修改系统环境变量

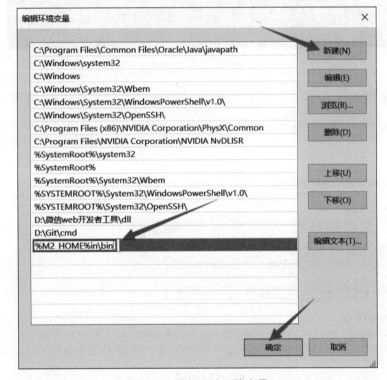

图 6-77　增加系统环境变量

（3）检查是否配置成功。

按 Win 键（Windows 图标键）＋R 键，在弹出的对话框中输入"cmd"，单击"确定"按钮（如果普通的命令行没有效果，试用管理员身份进入命令行），如图 6-78 所示。

进入命令提示符界面后，输入 mvn-version，看到结果如图 6-79 所示，说明配置成功。

（4）配置中央仓库的镜像，换成阿里的会比较稳定。

① 打开 conf 文件夹，找到 settings. xml 文件，以记事本或者写字板的方式打开，单击"查找"，找到 settings 标签，在 settings 标签里面填的是本地仓库的路径，如图 6-80 所示。

② 配置中央仓库的镜像，在刚才打开的 settings. xml 中，找到 mirrors 标签，在里面添加如下内容即可。添加的效果如图 6-81 所示。至此，配置结束。

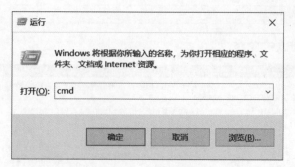

图 6-78　"运行"对话框

图 6-79　验证配置完成

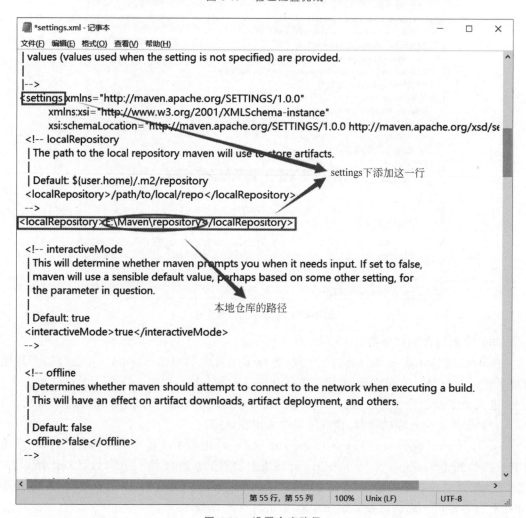

图 6-80　设置仓库路径

```
1.    <mirror>
2.      <id>nexus-aliyun</id>
3.      <name>nexus-aliyun</name>
4.      <url>http://maven.aliyun.com/nexus/content/groups/public/</url>
5.      <mirrorOf>central</mirrorOf>
6.    </mirror>
```

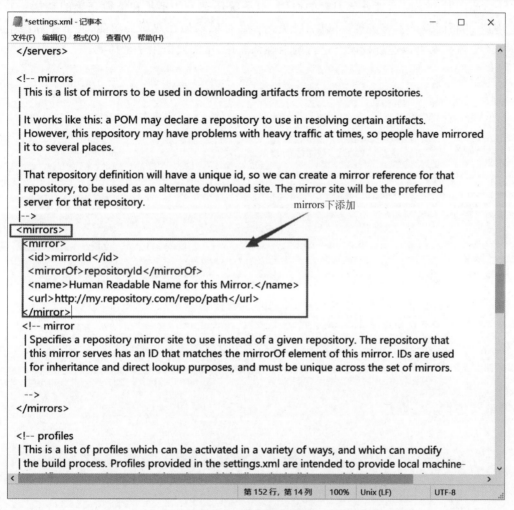

图 6-81　配置仓库镜像

6.6　项目总结

本项目从可行性分析、需求分析两方面进行分析，从概要设计、详细设计、数据库设计三方面进行设计，最后总结了关键技术和方法，进行了系统测试，完成了基于 Web 的预约挂号系统的设计与实现。主要功能包括：用户的登录，管理医院和科室信息，对医生和学生以及操作员的操作，能够修改操作员拥有的角色，可以管理医生的排班，学生可以在一周之内的时间进行预约挂号，医生可以对已就诊的学生进行确认就诊操作。

　　通过 UML 用例图和活动图进行系统的概要设计和详细设计，使用 E-R 图进行了数据库概念结构设计，接着对 E-R 图根据相应关系模式进行转换，来完成数据库逻辑结构设计。

　　系统使用前后端分离的开发方式，前端使用 Vue.js 框架和 Element UI 组件库，通过 axios 请求服务端接口，实现客户端和服务端的 HTTP 通信；后端使用基于 SpringBoot 框架的 Java 语言开发接口，同时使用 String Security 安全框架进行接口权限的控制。

　　与此同时由于时间等外部因素的原因，本系统还有一些不足和值得完善的功能：①学生、医生的页面设计不够美观，可以加以美化。②可以增加在线聊天功能，使学生和医生可以在线交流。③可以通过校园卡进行刷卡确认就诊，不需要医生手动控制。

第7章

案例：社区团购
平台"智享"

CHAPTER 7

视频讲解

随着互联网的快速发展,许多线下的活动逐渐转变成以线上的形式进行,其中,网购是最流行的购物方式。网购在给人们带来便利的同时,一些弊端也逐渐显现。近几年来,随着网上新增用户数量逐年放缓,用户对购物体验感的需求越来越大,单一的传统线上购物模式局限也被放大。于是,基于"预售+自提"的购物模式应运而生。本章案例介绍一个基于微信小程序的社区日用品销售系统的设计与实现的过程,管理员端基于 Web 平台,用户端基于微信小程序平台,主要使用了 SpringBoot 框架和微信小程序技术,引进了软件工程的设计理念对项目每个阶段进行严格的控制。项目使用了预售自提、团购和权限管理等功能,采用简洁方便的微信小程序平台来供用户进行购物,为用户节省时间和精力。

🔑 7.1 需求分析

7.1.1 开发背景

随着互联网技术的飞速发展和网络基础条件的大幅改善,电子商务也随之快速发展。网上购物在很大程度上推动了我国的经济发展,越来越多的消费者喜欢上了网上购物的消费模式。近几年来,使用互联网的新增人数逐渐减少,传统的网上商城的开发成本逐渐提高,电商空间逐渐缩小,与此同时也突出了线下购物的无穷潜力。一种"预售＋自提"模式的购物商城可以有效地发掘出线下销售的潜力,对于企业而言,利用网上购物平台推广和销售商品,可以更加方便快捷地拓展业务,扩大消费群。

由于微信的广泛普及,微信小程序的发展展现出巨大的潜力,微信小程序有着良好的先天优势,占内存少,方便快捷。小程序归于应用程序,而 H5 归于网页的页面。对于开发者而言,小程序的开发门槛相比较其他应用开发门槛更低,对未接触小程序开发的新手很友好,小程序的开发功能完善,其提供的 API 接口可以有效地减少开发人员的开发难度。因此本次研究是设计一款基于微信小程序的社区日用消费品零售平台。

"预售＋自提"模式已经在国内有了很大的发展,相应的应用软件基本可以满足用户的购物需求。但是目前应用软件的设计还没有达到其他购物软件的标准,购物软件是连接消费者和商家的枢纽,用户的购物体验会直接影响其购物欲望,因此开发一个用户友好型的、凸显"预售＋自提"模式特点的应用软件非常有必要。

同时根据当前疫情防控的局势,疫情防控常态化已成日常。但是某些地区因为疫情防控要求,会出现购买生活用品难的问题。同时相关部门表示,绝大多数的社区基层干部的工作已超负荷。为了缓解社区干部在前端收集居民采购信息的压力,在后端管理社区团购信息的流程中精减收款流程,由此开发了"智享"社区团购微信小程序。

7.1.2 开发目的

我国的人口基数大,其中互联网用户也相当多,在中国市场网络购物具有无穷的潜力,随着生活水平的不断提升,人们越来越追求商品的质量和购物体验感,此时单一的线上购物模式不再能够持续地满足大多数用户的需求。

但是,与此同时也出现了一些问题亟待解决,比如互联网用户的增长速度逐年放缓,逐渐趋于饱和,单一的线上开发客户的成本越来越高,电商空间逐渐缩小,用户体验感问题逐渐尖锐,应用软件设计方面的用户友好性被逐渐忽视,商品显示方面会普遍存在商品重复出现的问题,同时用户的覆盖率还比较低。

本项目旨在使用预售自提、团购和权限管理等功能,实现"预售＋自提"模式的购物商城场景:客户在小程序中下单购买后在设置好的时间到店自提,商家也可以节省配送费、降低成本,商家如果是连锁模式,还可以设置多个社区团购区域,每个门店都成为一个自提点,实现在互联网拓展客群,让自提点附近的人都成为门店的顾客,获得更大的消费群体。同时引导用户降低成本,缓解工作人员的采购压力,让居住在家中的人们也能很好地体验居家生活。

7.1.3　对标分析

微信小程序给用户提供了一个购物界面,用户在小程序中注册登录后,就可以在小程序中下单购物,并在下单时设置好时间,以便到店凭借取货码在相应的店铺内取到自己购买的商品。通过用户自提,商家可以节省配送费、降低成本。商家如果是连锁模式,还可以设置多个社区团购区域,每个门店都成为一个自提点,实现在互联网拓展客户群,让自提点附近的人都成为门店的顾客,获得更大的消费群体。系统中也加入了团购和预售功能,通过对商品打折的形式来提高商品的销量,使用户的购买成本更低。此微信小程序在疫情期间发挥了重要的作用,极大地方便了人们的购物和消费。

7.2　概要设计

7.2.1　系统分析

为了符合大多数的购物习惯和软件使用习惯,严格按照软件工程界面设计的黄金准则进行系统设计。系统的界面简洁、清晰、操作方便,同时系统中的大多数功能都可以撤销,从而防止用户的失误操作而带来的损失。不管是年轻人还是老年人都可以很快地学会使用该购物系统。

系统共分为 8 个模块：登录注册模块、用户模块、商品模块、订单模块、团购模块、权限管理模块、购物车模块、预售自提模块。不同的模块具有不同的功能,使系统具有更好的实用性和用户体验。

1. 登录注册模块

微信小程序用户通过微信小程序的 API 接口对系统进行授权,并将用户信息存储在数据库之中,用户登录时会审核获取用户信息和登录信息。

Web 用户必须在注册界面注册信息,注册信息经管理员审核后才能成功注册,输入用户名,在后端系统登录界面输入密码和验证码,待信息通过后端系统验证后,成功进入后端系统。

2. 用户模块

该模块包含显示用户和删除用户功能。

微信小程序端的用户可以在用户中心查看到自己的身份信息,可以对自己的信息如电话号码、头像、昵称等进行修改,除此之外,用户中心还有消息提醒,当用户设置了团购提醒且到达团购时间时,系统会发送提醒消息给用户。

Web 端的管理员,可以查询自己的角色、姓名等信息,也可以修改自己的密码。

3. 商品模块

该模块主要是数据库中商品数据的增加、删除、查询和修改操作，当前台用户登录成功后，在数据库中检索出已经上架的商品，在分类栏中，按照各个商品所属的类别将其归类显示；对于异常的商品将对其进行下架处理，以防止用户购买到不合格的商品；当市场的行业变化时，可以适当地调整商品的价格；除此之外还可以添加新的商品，供用户购买。

Web 端的管理员主要是对商品进行管理，微信小程序端的用户主要是对数据库中的商品进行查看和检索，当发现想购买的商品时可以进行下单操作。

4. 订单模块

该模块包括对订单增、删、查、改的功能。

对于微信小程序端的用户，主要是处理对个人订单的检索、删除和修改等操作，当用户对喜欢的商品下单后，就会生成商品订单保存在数据库中，对于过期或者不重要的订单信息，可以对其进行删除处理，当用户在店铺中成功取到商品后就可以单击确认收货，对订单的状态进行修改。

对于 Web 端的管理员，可以查询购物系统中的所有订单，也可以按照时间、用户等关键字对订单进行检索，同时可以删除无用的订单信息，如果用户购买的商品已运到相应的店铺，可以修改订单的状态为待取货状态，用户可以在门店中取走自己购买的商品。

5. 团购模块

该模块包括设置团购提醒、添加开团提醒等功能。

团购的发起人为业务管理员，由业务管理员从厂库中选出要发货的商品（发货的商品中包括团购商品），设置开团时间、团购价格、团购商品。用户进入商品详情页面对喜欢的商品设置开团，系统会将用户的开团信息添加到数据库中。系统后台会通过定时计算，每隔一定时间通过查询数据库来判断是否有达到团购提醒时间的记录，若有则取出提醒记录处理后插入站内信息表中，此时就可以删除开团提醒表中的数据，用户在个人中心的消息功能处可以查看到开团提醒的通知。

6. 权限管理模块

该模块对后台管理员的权限进行管理。

权限管理模块是用来对后台管理员的权限进行管理的，系统的角色主要有团长、业务管理员、人事管理员和超级管理员，其中超级管理员的权限最大，可以对系统进行所有操作。团长的功能：登录功能、团长申请、销量查询和站点订单查询等。业务管理员功能：登录功能、发布商品、发布通知和商品查询等。人事管理员功能：角色申请处理，负责审核供应商、团长的申请、角色管理、登录功能和发布通知等。超级管理员可以增加、修改和删除后台用户的角色。

7. 购物车模块

该模块实现购买商品并进行结算的功能。

购物车模块是针对微信小程序端用户设计的,用户可以在商品详情界面选择好喜欢的商品数量和属性添加到购物车之中,在购物车界面就可以查看自己所选的商品,对于购物车中的商品,用户可以同时下单,还可在购物车界面更改商品数量,从购物车中删除商品。

8. 预售自提模块

该模块功能是用户提前预订需购买的商品,到达规定时间即可下单。

用户在店铺中选出喜欢的商品,在商品预售界面中,当到达销售时间时,用户可以对商品进行购买,若没有到达时间只能对商品进行添加购物车的操作。

系统后台之中,所有的后台管理员都有权限发布公告,从而达到系统管理员之间的通信,除此之外还可以删除其公告信息。对于微信小程序用户,可以添加团购提醒,当到达团购开始时间时就可以将团购提醒信息添加到信息表中,并将团购信息发送给相应的用户,用户处于登录状态时可以直接查收到消息,或者在我的界面中查看系统发送的消息信息。

系统功能模块图如图 7-1 所示。

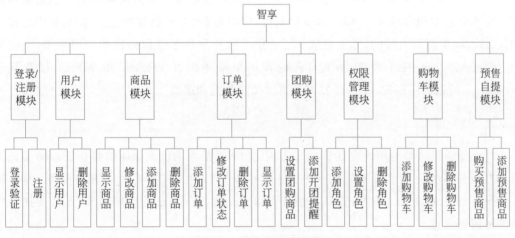

图 7-1　系统功能模块图

7.2.2　技术框架

本系统使用微信小程序技术、SpringBoot 框架、JWT 等相关技术,其中以微信小程序为载体,具有良好的稳定性和安全性,微信小程序的开发简便,而且拥有许多功能强大的 API,可以很好地运用在系统开发之中,因受微信的影响,微信小程序的流行程度也随之不断提高。

SpringBoot 框架能够很好地与 Spring 相关的技术进行整合，如 SpringMVC、Spring 等，SpringBoot 在简化系统开发的同时，也有利于系统的维护和扩展。

1. SpringBoot 框架

SpringBoot 是一个微服务框架，它继承了 Spring 框架、IOC 和 AOP 的基本思想，简化了应用程序的开发和部署。它消除了配置 Spring 应用程序所需的 XML 配置，SpringBoot 的组成结构如图 7-2 所示。

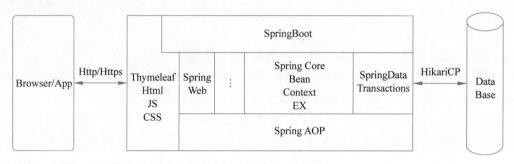

图 7-2　SpringBoot 组成结构

2. 微信小程序技术

微信 applet 是本地应用程序和 Web 应用程序的混合体。微信加载类似于本地应用程序。与本地应用程序相比，applet 具有轻量级、实时更新、跨平台等特点；与 Web 应用程序相比，applet 资源是离线的，体验更流畅。applet 的开发基于微信提供的应用框架，上层提供全套 JavaScript API，框架提供自己的视图层描述语言 WXML 和 WXSS，以及基于 JavaScript 的逻辑层框架，使得开发人员更加关注数据和逻辑。

3. JWT 技术

与存储随机令牌的用户会话管理方法相比，JWT 最大的优点是能够将认证逻辑委托给第三方服务，包括：自主开发的集中式认证服务器；可以生成 JWT 的 LDAP 服务；是外部认证服务提供商，如 auth0；外部认证服务可以完全独立于自己的应用服务，不需要通过网络传递密钥信息。

4. MySQL 数据库

MySQL 具有高度的灵活性和安全性，支持大型数据库，可以轻松支持数千万条记录，具有高速稳定的线程内存分配系统，可连续使用，不必担心稳定性。MySQL 还提供了多种用户界面，包括客户机命令行操作、Web 浏览器和各种编程语言界面。MySQL 可以在 UNIX、Windows 和 OS/2 上运行，MySQL 的体系结构如图 7-3 所示。

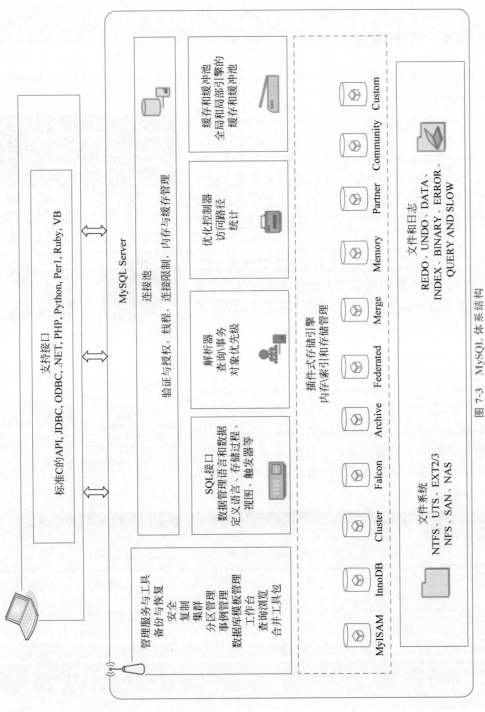

图 7-3　MySQL 体系结构

🔑 7.3 详细设计

7.3.1 界面设计

本系统的页面使用原生的 API 和 Freekmark、layui 来实现前后端的设计,使页面完整、不烦琐、简洁、高效。

1. 微信小程序端界面

微信小程序的界面设计使用的是原生的 API 进行实现的,在首页,参考其他商品的界面实现,在顶部使用轮播图的形式来展示商品广告推荐,其次显示商品的分类和预售商品、团购商品信息,整个界面以暖色调为主,界面简洁。

在首页和购物车界面添加了相应的下拉刷新功能,可以有效地防止新添加商品无法立刻渲染到微信小程序端,使用微信小程序自带的 API 来实现登录功能。微信小程序的首页界面如图 7-4 所示。

2. Web 端界面

Web 端界面使用 Freemark 和 layui 技术来实现系统后台界面的设计,使用传统的后台系统布局,使后台使用者具有亲切感,界面的设计以简洁为主题,使用 layui 的优雅布局方式和美化的组件来建立后台系统,除此之外,界面在设计的过程中也是比较简便的。Web 端的界面如图 7-5 所示。

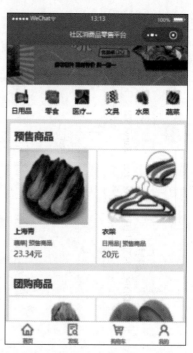

图 7-4 微信小程序首页界面

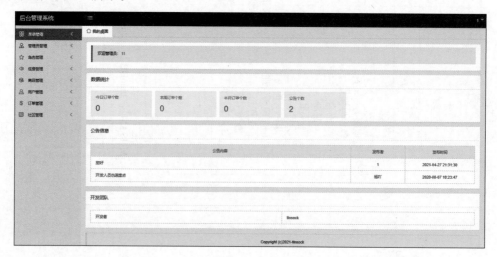

图 7-5 Web 端首页界面

7.3.2　主要功能设计

首先用户注册并登录小程序,然后通过搜索框搜索自己想要购买的商品,将商品加入购物车并结算。同时管理员可以在 Web 端管理需要发布的通知,用户可以在微信小程序端接收管理员发布的通知并查看。

1. 登录、注册

微信小程序用户通过给小程序授权即可完成用户的注册功能,使用微信小程序 API 通过传递小程序的 appid 和 app secret 来获取授权用户的 openid 和基本信息,将 openid 作为用户的唯一标志,当注册的时候,会使用 openid 的值检查用户的信息是否已经存入数据库中,若没有,则先使用后端图片上传 API 传入图片的路径,将图片保存在数据库中,并将其余的信息存入数据库中,若存在数据库中,就直接登录进小程序之中,并将 openid 放入缓存之中,此时还会开启 WebSocket 与系统后台进行连接。微信小程序用户登录流程如图 7-6 所示。

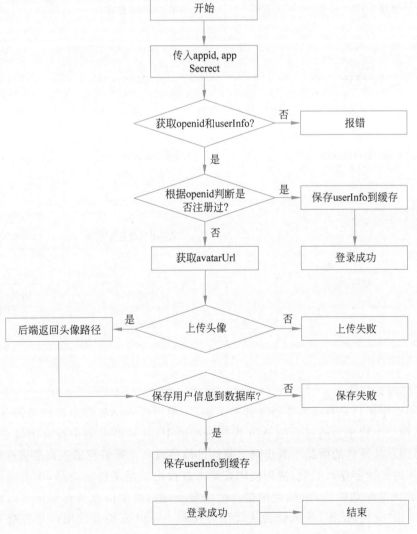

图 7-6　微信小程序用户登录流程

　　管理员用户在注册界面填写用户的基本信息，如用户名、密码、确认密码等，在向后台系统传递注册信息时，先使用 JavaScript 代码来判断确认密码与密码是否一致，若不一致则进行错误提醒，若一致则将注册通过后端 API 接口传递给后端处理，后端首先根据注册信息来判断用户名是否唯一，若不唯一则需要传递给前端错误提醒信息，若唯一则将注册信息保存在数据库中，完成注册后就会跳转到登录界面，在登录界面输入有效的用户名、密码和验证码，单击"登录"按钮，系统后台会对提交的登录信息进行审核，若登录信息正确就会进入登录界面，若登录信息有误就会提示相应的错误，用户改正后再进行登录。Web 端的登录和注册流程如图 7-7 所示。

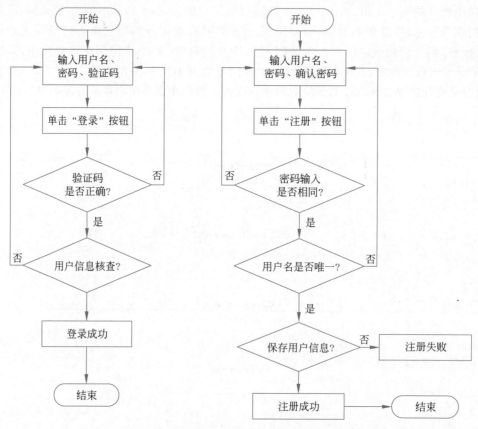

图 7-7　管理员用户登录注册流程

2．购物流程

1）直接购买商品

　　微信小程序用户只有成功登录才能购买商品，用户进入小程序中可以单击分类列表中的分类名，微信小程序会通过后端 API 传递分类的 ID 并从商品表中查询出属于该分类的商品，然后用户从筛选的商品中选出自己喜欢的商品或者在搜索框输入商品名称，通过后端API 将输入的关键字存入后端，使用模糊查询来查找出满足条件的商品，单击商品图片，在商品详情界面的加载阶段，后端会根据商品编号查询出商品信息并在详情界面显示出来。在此界面单击"支付"按钮，系统就会从缓存中查询 openid 来检查此用户是否登录，若此用户为登录状态,就会跳转到订单确认界面并将商品的信息存入此界面,若没有登录则会跳转到登录界面,用户登录后返回到之前界面。在订单确认界面,单击"微信支付"按钮,会将商品的信息以及各个商品的数量传递给后端,controller 层就调用 service 层将订单信息存入数据库中。直接购买商品的流程如图 7-8 所示。

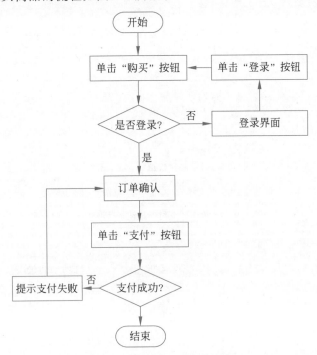

图 7-8　直接购买商品的流程

2) 从"购物车"购买

单击"购物车"按钮,系统先检查缓存中是否有 openid,若用户没有登录,就会跳转到登录界面。用户登录后,在购物车界面的加载阶段,小程序会从缓存中取出 userId,通过后端的购物车查询 API。根据 userId 查询出该用户的购物车商品及其数量,并在购物车界面显示出商品信息,在购物车界面可以挑选出多个商品,单击"结算"按钮,此时会将商品的信息和数量通过后端 API 保存在订单表和订单项表中,与此同时将选中商品的信息如商品编号、商品数量等传递到订单确认界面,此界面会显示出之前选择的商品以及数量,选择好自提的门店,单击"支付"按钮后就会修改订单和订单项中的商品数量、并保存自提的门店 ID,并跳转到个人的订单界面。购物车购买商品的流程如图 7-9 所示。

(3) 添加购物车

用户通过在首页界面或者分类界面单击商品后,就会把商品的编号传递给商品详情界面,在商品详情界面加载时,通过 request 请求后端 API 并将商品编号传递给后端,controller 层调用 service 层从数据库中查询出商品的详细信息,并在商品详情界面渲染数据,单击"添加购物车"按钮,系统首先会从缓存中取出 openid,判断用户是否登录,若没有登录就会跳转到登录界面,用户登录后就会返回到购物车界面,并通过传递 userId(等于 openid)给后端来查询出该用户的购物车详情,在购物车界面将其显示出来,在购物车界面也可以修改购物车中商品的数量,每次修改会将商品编号 commodityId、用户编号 userId、

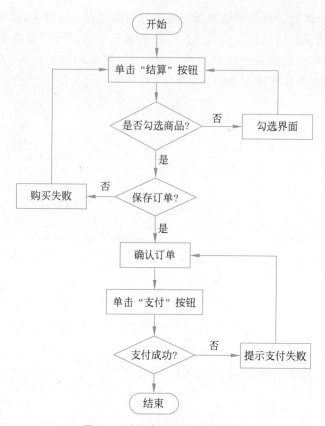

图 7-9　购物车购买商品的流程

修改后商品的数量 afterCount 和购物车项编号 cartItemId 传递给后端，controller 层接收到数据后会调用 service 层修改购物车项表中商品的数据和商品的库存。购物车的界面如图 7-10 所示。

3. 消息通知

1) 团购提醒消息

对于团购商品，在商品详情界面加载阶段，会将商品编号 commodityId 传递给后端，后端会根据 commodityId 查询出商品的详细信息并返回给小程序，小程序会根据团购商品的开团时间的时间戳和当前时间的时间戳来判断是否达到开团时间，若还未达到开团时间就会显示"团购提醒"按钮，否则就不会显示，若出现"团购提醒"按钮，单击其按钮，系统会判断用户是否登录，若未登录就会跳转到登录界面，完成登录后，就可以进行团购提醒操作，此时会将商品编号、用户编号、创建时间等添加到团购提醒表中，后台系统会每隔一段时间扫描一下团购提醒表中的数据，若发现有需要提醒的商品就会将团购提醒数据添加到消息表中，在 WebSocket 连接池中查询出编号为 userId 的 WebSocket 对象，并通过 WebSocket 对象将消息信息传给用户，用户也可以在"我的消息"界面，通过 userId 来查询出所有与自己相关的消息信息。消息界面如图 7-11 所示。

2) 公告消息

公告消息应用于后台系统之中，方便管理员之间进行通信交流，管理员成功登录进入系

图 7-10　购物车界面图　　　　　　图 7-11　消息界面图

统后台,单击公告菜单,controller 层会调用 service 层方法来查询出数据库中的所有公告信息,使用 freemarker 对查询出来的数据进行渲染,在显示界面单击"添加"按钮就会弹出一个添加框,在其中填写公告内容,单击"添加"按钮,就会将公告信息以及发布公告的用户 userId 传入后端,此时会将公告内容、发布公告的管理员和创建时间保存在数据库中。

7.3.3　数据库设计

1. E-R 图设计

E-R 模型用来描述系统中各个实体以及实体之间的关系,通过绘制 E-R 可以有效地了解开发系统中的重要元素。本系统的重要实体的 E-R 图如下。

（1）用户（后台用户和前台用户）信息,如图 7-12 和图 7-13 所示。

图 7-12　后台用户

图 7-13　前台用户

（2）商品信息如图 7-14 所示。

图 7-14　商品信息

（3）订单信息如图 7-15 所示。

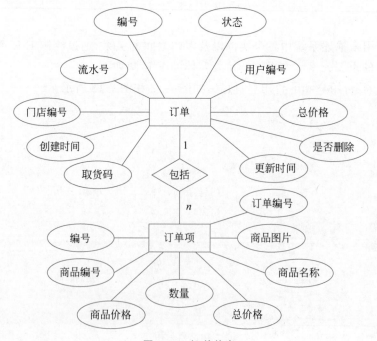

图 7-15　订单信息

（4）购物车信息如图 7-16 所示。

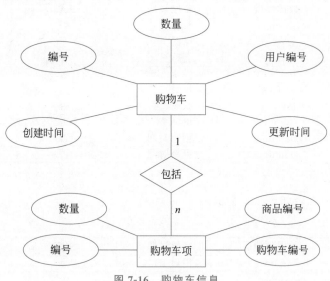

图 7-16 购物车信息

（5）菜单、角色和权限信息如图 7-17 所示。

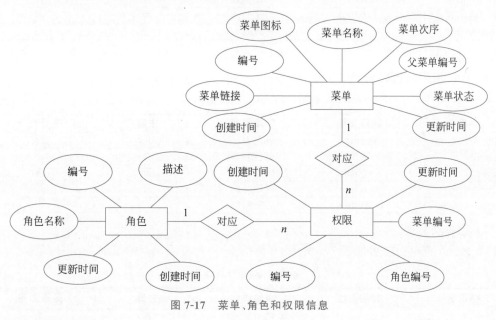

图 7-17 菜单、角色和权限信息

2. 数据库表设计

1）后台用户表

cs_admin 后台用户表如表 7-1 所示。

表 7-1 cs_admin 后台用户表

字段名	数据类型	字段说明	主键	是否为空
id	big int	用户 ID	是	否
role_id	varchar	角色 ID	否	否

续表

字段名	数据类型	字段说明	主键	是否为空
head_pic	varchar	头像图片	否	是
password	varchar	密码	否	否
name	varchar	名称	否	否
sex	int	性别	否	是
address	varchar	地址	否	是
state	int	状态	否	否
mobile	big int	电话	否	否
create_time	datetime	创建时间	否	否
update_time	datetime	更新时间	否	否

2）前台用户表

cs_user 前台用户表如表 7-2 所示。

表 7-2　cs_user 前台用户表

字段名	数据类型	字段说明	主键	是否为空
user_id	big int	用户 ID	是	否
user_name	varchar	用户名	否	否
phone_number	varchar	电话	否	否
avatar_path	varchar	头像路径	否	否
create_time	datetime	创建时间	否	否
update_time	datetime	更新时间	否	否

3）用户角色表

cs_role 用户角色表如表 7-3 所示。

表 7-3　cs_role 用户角色表

字段名	数据类型	字段说明	主键	是否为空
id	big int	角色 ID	是	否
name	varchar	角色名称	否	否
description	varchar	描述	否	否
create_time	datetime	创建时间	否	否
update_time	datetime	更新时间	否	否

4）菜单功能表

cs_menu 菜单功能表如表 7-4 所示。

表 7-4　cs_menu 菜单功能表

字段名	数据类型	字段说明	主键	是否为空
id	big int	菜单 ID	是	否
parent_id	varchar	上级菜单 ID	否	否
name	varchar	菜单名称	否	否
url	varchar	链接	否	否
sort	int	菜单次序	否	否
icon	varchar	菜单图标	否	否
state	int	菜单状态	否	否
create_time	datetime	创建时间	否	否
update_time	datetime	更新时间	否	否

5）权限表

cs_authority 角色功能关联表如表 7-5 所示。

表 7-5　cs_authority 角色功能关联表

字段名	数据类型	字段说明	主键	是否为空
id	big int	权限 ID	是	否
menu_id	big int	菜单 ID	否	否
role_id	big int	角色 ID	否	否
create_time	datetime	创建时间	否	否
update_time	datetime	更新时间	否	否

6）商品表

cs_commodity 商品表如表 7-6 所示。

表 7-6　cs_commodity 商品表

字段名	数据类型	字段说明	主键	是否为空
id	big int	商品 ID	是	否
commodity_name	big int	商品类别 ID	否	否
info	varchar	商品介绍	否	否
commodity_pic	decimal	商品图片	否	否
price	decimal	商品价格	否	否
stock	decimal	商品库存	否	否
sell_num	decimal	商品销量	否	否
status	int	商品状态	否	否
category_id	datetime	商品种类 ID	否	否
end_time	datetime	结束时间	否	否
start_time	datetime	开始时间	否	否
create_time	datetime	创建时间	否	否
update_time	datetime	更新时间	否	否

7）商品类别表

cs_commodity_category 商品分类表如表 7-7 所示。

表 7-7　cs_commodity_category 商品分类表

字段名	数据类型	字段说明	主键	是否为空
id	big int	分类 ID	是	否
category_name	varchar	分类名称	否	否
path	int	发布状态	否	否
create_time	datetime	创建时间	否	否
update_time	datetime	更新时间	否	否

8）购物车表

cs_shoppingcart 购物车表如表 7-8 所示。

表 7-8　cs_shoppingcart 购物车表

字段名	数据类型	字段说明	主键	是否为空
cart_id	big int	购物车 ID	是	否
user_id	big int	用户 ID	否	否
count	big int	商品数量	否	否
create_time	datetime	创建时间	否	否
update_time	datetime	更新时间	否	否

9）购物车表

cs_cartitem 购物车表如表 7-9 所示。

表 7-9　cs_cartitem 购物车表

字段名	数据类型	字段说明	主键	是否为空
cartItem_id	big int	购物车项 ID	是	否
cart_id	big int	购物车 ID	否	否
commodity_id	big int	商品 ID	否	否
count	int	商品数量	否	否

10）订单表

cs_order 订单表如表 7-10 所示。

表 7-10　cs_order 订单表

字段名	数据类型	字段说明	主键	是否为空
id	big int	订单 ID	是	否
order_no	big int	订单流水号	否	否
user_id	int	用户 ID	否	否
state	decimal	订单状态	否	否
total_price	decimal	订单总价	否	否
store_id	big int	门店 ID	否	否
is_deleted	varchar	订单删除	否	否
access_code	varchar	取货码	否	否
create_time	datetime	创建时间	否	否
update_time	datetime	更新时间	否	否

11）订单项表

cs_order_item 订单项表如表 7-11 所示。

表 7-11　cs_order_item 订单项表

字段名	数据类型	字段说明	主键	是否为空
id	big int	订单项 ID	是	否
order_id	big int	订单 ID	否	否
commodity_id	big int	商品 ID	否	否
commodity_name	varchar	商品名称	否	否
commodity_pic	decimal	商品图片	否	否
commodity_price	decimal	商品单价	否	否
quality	int	商品数量	否	否
total_price	decimal	总价	否	否

12) 门店表

cs_store 门店表如表 7-12 所示。

表 7-12　cs_store 门店表

字段名	数据类型	字段说明	主键	是否为空
store_id	big int	门店 ID	是	否
admin_id	big int	团长 ID	否	否
address_detail	varchar	地址详情	否	否
status	int	状态	否	否
store_name	varchar	门店名	否	否
create_time	datetime	创建时间	否	否
update_time	datetime	更新时间	否	否

13) 开团提醒表

cm_groupon_remind 开团提醒表如表 7-13 所示。

表 7-13　cm_groupon_remind 开团提醒表

字段名	数据类型	字段说明	主键	是否为空
groupon_remind_id	big int	开团提醒 ID	是	否
user_id	big int	用户 ID	否	否
commodity_id	big int	商品 ID	否	否
commodity_name	varchar	商品标题	否	否
start_time	datetime	开团时间	否	否
create_time	datetime	创建时间	否	否
update_time	datetime	更新时间	否	否

14) 站内信息表

cs_message 站内消息表如表 7-14 所示。

表 7-14　cs_message 站内消息表

字段名	数据类型	字段说明	主键	是否为空
message_id	big int	通知 ID	是	否
user_id	big int	用户 ID	否	否
msg_title	big int	通知标题	否	否
msg_content	big int	通知内容	否	否
msg_read	varchar	是否已读	否	否
create_time	datetime	创建时间	否	否
update_time	datetime	更新时间	否	否

15) 广告表

cs_ads 广告表如表 7-15 所示。

表 7-15　cs_ads 广告表

字段名	数据类型	字段说明	主键	是否为空
ads_id	big int	广告 ID	是	否
ads_path	varchar	广告图片	否	否

字段名	数据类型	字段说明	主键	是否为空
width	int	宽度	否	否
height	int	高度	否	否

16) 公告表

cs_announcement 公告表如表 7-16 所示。

表 7-16　cs_announcement 公告表

字段名	数据类型	字段说明	主键	是否为空
id	big int	公告 ID	是	否
content	varchar	公告内容	否	否
admin_id	int	管理员编号	否	否
create_time	datetime	创建时间	否	否
update_time	datetime	更新时间	否	否

7.3.4　关键技术

本系统的关键技术主要体现在以下三方面。

1. 权限管理

权限管理涉及了 4 个表：cs_menu、cs_role、cs_authority、cs_admin,其中每个管理员会被授予一个角色,权限表将角色和菜单功能联系起来,通过角色编号,在权限表中查询出所有对应的菜单编号,此时的菜单编号所对应的菜单功能是此角色所拥有的全部权限。

当管理员用户登录成功后,系统就会使用该用户的角色编号首先查询出一级菜单,然后查询出一级菜单下的二级菜单,使用查询出来的结果动态生成对应的菜单列表。通过以上操作,不同角色的管理员登录系统后台之后就会出现不同的菜单列表,从而会具有不同的权限。菜单栏实现的核心代码如下：

```
1.   Admin loginedAdmin = (Admin) request.getSession().getAttribute(SessionConstant.SESSION
     _ADMIN_LOGIN_KEY);
2.    List < Authority > selectByRoleId = authorityMapper.selectByRoleId (loginedAdmin.
     getRoleId());                          //获取当前用户所有权限
3.   Set < Integer > menuIdSet = selectByRoleId.stream().map(Authority :: getMenuId).collect
     (Collectors.toSet());                  //把权限中所有菜单 id 取出来
4.    List < Menu > allMenusByStateAndPrimaryKeys = menuMapper.selectByStateAndPrimaryKeys
     (MenuStateEnum.OPEN.getCode(), menuIdSet);
5.   model.addAttribute("allAdmins", adminMapper.selectAll());
6.   model.addAttribute("onThirdMenus", menuService.getThirdMenus(allMenusByStateAndPrimaryKeys).
     getData());
7.    model.addAttribute ( "parentMenu", menuMapper.selectByPrimaryKey (selectByPrimaryKey.
     getParentId()));
8.   model.addAttribute("currentMenu", selectByPrimaryKey);
```

2. 预售自提

预售商品在创建时,会设置好预售的时间和结束的时间,用户登录成功后单击商品,触发相应的事件，把 commodityId 传递给后端，后端会通过@ResponseBody 注解把商品信息返回给小程序渲染，当预售时间还未达到时，可以提前将预售商品添加到购物车之中，若到达预售时间、还没有超出预售结束时间时单击购买，就会把商品编号 commodityId，商品数量 count 等传递给后端保存在订单项表中。

当用户成功购买到商品时，就会在订单中显示商品的自提点以及商品的取货码，用户凭借取货码就可以在相应的门店拿到自己购买的商品。

3. 团购

后台管理员在系统后台添加商品时，将商品类中 Status 属性设置为团购的销售类型，设置团购商品的 StartTime 和 EndTime，微信小程序用户通过单击商品的详情界面就可以查看商品的团购信息，当还没到达团购时间时，可以添加团购提醒，将团购商品和用户编号存储在团购提醒的表中，后台系统会隔一段时间查询一下团购提醒表中的数据，当出现需要提醒的商品时，就会将团购提醒表的数据存放在消息列表中，并删除其团购提醒信息，通过 WebSocket 后台将需要提醒的信息传送给微信小程序用户，从而能及时提醒用户购买商品，当团购提醒的时间到达且还没有超过团购的结束时间时，就可以直接购买团购商品。团购提醒代码实现如下：

```
1.   @Component
2.   public class MySchedule {
3.       @Autowired
4.       private GrouponRemindService grouponRemindService;
5.       @Autowired
6.       private MessageService messageService;
7.       @Scheduled(fixedDelay = 1 * 1000)                        // 每 1 秒执行一次此方法
8.       public void queryMessage(){
9.         Date currentTime = new Date(new Date().getTime());      //获取当前时间的时间戳
10.          List < GrouponRemind > grouponReminds = grouponRemindService. findByTime
             (currentTime);
11.      //先将获取的团购提醒插入消息表中
12.      for (GrouponRemind grouponRemind : grouponReminds) {
13.          Message message = new Message();
14.          message. setUserId(grouponRemind. getUserId());
15.          message. setMsgRead(0);
16.          message. setMsgTitle(grouponRemind. getCommodityName() + "团购提醒");
17.            message. setMsgContent ( " 亲 爱 的 用 户 : " + grouponRemind. getUser ().
               getUserName() + ",您添加的团购商品" +
18.          grouponRemind. getCommodityName() + "马上就要开团了!");
19.          messageService. insert(message);
20.          //插入消息表后将团购提醒表中的数据删除
21.          grouponRemindService. delete(grouponRemind. getGrouponRemindId());
22.          //连接池查找
23.          String usertoID = message. getUserId();
24.          System. out. println("接收消息人: " + usertoID);
```

```
25.                    WsPoor. sendMessageToUser ( WsPoor. getWsByUser ( usertoID ), JSONObject.
                      toJSONString(message));
26.            }
27.        }
28.   }
```

🔑 7.4　测试报告

7.4.1　微信小程序首页测试用例

用来展示广告、商品分类、团购商品和预售商品的信息。

（1）编号：1。

（2）功能：微信小程序首页展示。

（3）操作步骤：扫描二维码，进入小程序首页。

（4）预期结果：

① 显示广告的轮播图。

② 显示商品的所有分类。

③ 显示预售商品和团购商品。

（5）实际结果：小程序首页界面成功显示出轮播图、商品分类、预售商品和团购商品信息。

7.4.2　微信小程序登录功能测试用例

（1）编号：2。

（2）功能：第一次登录的用户就会将用户信息注册到数据库中，登录验证不通过的用户则只能浏览界面，无法购买商品。

（3）操作步骤：在我的界面单击"登录"按钮。

（4）预期结果：用户名能成功登录。

（5）实际结果：用户能够成功登录微信小程序。

7.4.3　系统后台登录功能测试用例

（1）编号：3。

（2）功能：管理员登录。

（3）操作步骤：在登录界面输入用户名、密码和验证码，单击"登录"按钮。

（4）预期结果：登录信息正确，则登录成功；否则登录失败。

（5）实际结果：在没有输入正确的用户信息和验证码时，无法成功登录，输入正确的用户信息和验证码时，能够成功登录。

7.4.4 商品详情界面测试用例

（1）编号：4。

（2）功能：显示商品的信息。

（3）操作步骤：登录微信小程序，单击商品。

（4）预期结果：显示出商品的详情。

（5）实际结果：对于预售商品，当未到达预售时间时，只可以添加到购物车之中，达到时间后就可以支付；对于团购商品，当未到达团购时间时可以添加团购提醒，到达时间之后就可以直接购买商品或者将商品加入购物车之中。

7.4.5 购物车界面测试用例

（1）编号：5。

（2）功能：显示用户的购物车信息。

（3）操作步骤：登录微信小程序，单击"购物车"按钮。

（4）预期结果：显示购物车中的商品信息和数量。

（5）实际结果：成功登录小程序后，可以查询到购物车中的商品信息和商品数量。

7.4.6 订单界面测试用例

（1）编号：6。

（2）功能：确认即将支付的订单信息，并完成订单支付。

（3）操作步骤：登录微信小程序，在商品详情界面直接购买商品，或者在购物车界面结算选中商品。

（4）预期结果：显示要支付商品的信息。

（5）实际结果：能够正常地显示需要支付商品的信息。

7.4.7 商品类别界面测试用例

（1）编号：7。

（2）功能：商品分类查询。

（3）操作步骤：登录微信小程序，单击"分类"按钮，单击不同的商品类别。

（4）预期结果：根据用户单击的商品类别，显示出不同类别的商品。

（5）实际结果：正确地查询出商品的所有分类，通过单击商品分类可以查询出相应所属分类的商品信息。

7.4.8 后台首界面测试用例

（1）编号：8。

（2）功能：显示系统后台首界面。

（3）操作步骤：在登录界面填写登录信息，登录成功后进入到首界面。

（4）预期结果：根据不同的登录用户，显示出不同的菜单列表。

（5）实际结果：对于不同的用户，能够显示相应的菜单列表。

7.4.9 商品界面测试用例

（1）编号：9。

（2）功能：显示所有商品的信息。

（3）操作步骤：成功登录后台，在后台管理系统中单击商品菜单。

（4）预期结果：显示出所有商品的信息，可以对商品进行增、删、查、改操作。

（5）实际结果：正确显示出商品的信息，可以对商品进行增、删、查、改操作。

7.4.10 后台订单界面测试用例

（1）编号：10。

（2）功能：显示所有订单的信息。

（3）操作步骤：成功登录后台，在后台管理系统中单击订单菜单。

（4）预期结果：显示出所有订单的信息，可以对订单进行删除、查询和修改订单状态的操作。

（5）实际结果：成功地显示所有用户的订单信息，可以正确修改订单的状态和删除订单。

🔍 7.5 安装及使用

7.5.1 安装环境及要求

微信小程序版本 2.16.1 以上(覆盖 99% 的用户)：前端界面。

IntelliJ IDEA 2022.1：后台界面。

MySQL8.0 和 Navicat Premium 15：主要连接已经做好的数据库。

7.5.2 安装过程

1. IntelliJ IDEA 2022.1

（1）下载最新的 IDEA2022.1 版本安装包。

先从 IDEA 官网下载 IDEA2022.1 版本的安装包，选择要下载的版本，单击"下载"按钮，静心等待其下载完毕。

（2）开始安装 IDEA2022.1 版本。

在 PC 端单击打开刚刚下载好的 idea.exe 格式安装包，安装目录默认为 C:\Program Files\JetBrains\IntelliJ，勾选创建桌面快捷方式，便于后续打开 IDEA，单击 Install 按钮，IDEA 运行成功后，提示需要先登录 JetBrains 账户才能使用，可以去注册一个账号并登录。

（3）环境配置。

配置相关的环境，并运行项目后端代码。

2. 微信开发者工具

（1）下载微信开发者工具。

首先从微信官方文档找到并下载所需版本的微信开发者工具的安装包。

（2）安装。

单击下载好的安装包，单击"下一步"按钮，单击"我接受"，选择安装目录，建议选择默认的安装目录，然后安装，耐心等待安装，单击"完成"按钮，完成对微信开发者工具的安装。

（3）环境配置。

配置相关的环境，并运行项目前端代码。

3. MySQL

（1）下载 MySQL 数据库。

进入 MySQL 官方网站，找到所需版本的安装包并下载。

（2）安装 MySQL 数据库。

单击安装包开始安装，安装过程见附录 A.1。

4. Navicat Premium 15

（1）下载 Navicat Premium。

先从官网下载所需版本的安装包。

（2）安装 Navicat Premium。

单击下载的安装包，打开软件后单击使用。

（3）连接 MySQL。

首先在电脑服务中打开 MySQL 对应的服务，然后在 Navicat 中通过输入数据库账户和密码来连接对应的数据库，以便后端和前端对数据库进行修改。

（4）运行数据库文件。

右击所连接的数据库，选择运行 SQL 文件，选择要运行的 SQL 文件即可。

前后端和数据库连接：打开 MySQL 对应的服务，运行对应的 SQL 代码，运行前后端代码即可建立前后端的连接。

7.5.3 使用流程

目前小程序为体验版，还未正式上线。

（1）首先在微信小程序端登录，如图 7-18 所示。

（2）后台登录，如图 7-19 所示。

图 7-18 小程序端登录

图 7-19　后台登录

（3）直接购买商品，如图 7-20 和图 7-21 所示。

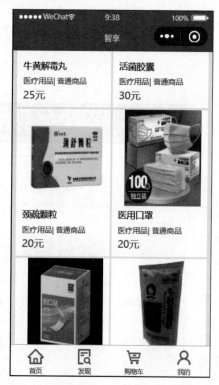

图 7-20　商品购买 1

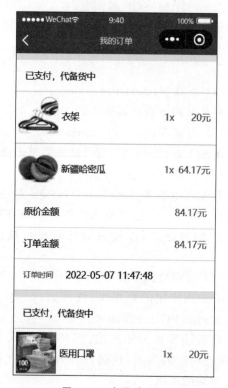

图 7-21　商品购买 2

（4）购物车购买商品，如图 7-22 所示。

（5）后台管理。

① 后台订单显示，如图 7-23 所示。

② 管理员列表，如图 7-24 所示。

图 7-22　购物车购买商品

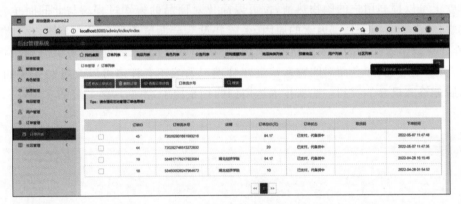

图 7-23　后台订单显示

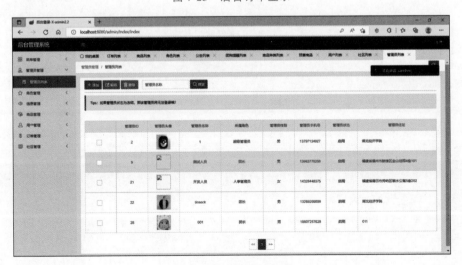

图 7-24　管理员列表

③ 社区列表，如图 7-25 所示。

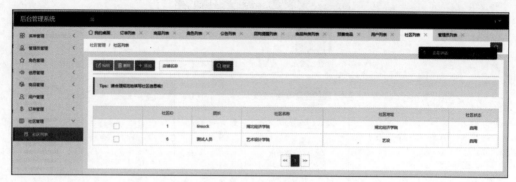

图 7-25　社区列表

🔑 7.6　项目总结

　　本项目主要研究了基于"预售＋自提"模式的购物系统的设计与实现，简要地介绍了国内外电子商务的发展状况，目前系统完成了购物商城的基本操作、权限管理、团购等功能，在一定程度上可以提高用户的购物热情，也可以简化对商品的售卖过程。与此同时也存在一些不足之处，由于时间等外部因素的原因，系统并没有全面覆盖整个用户全体，比如供应商等，此外还可以引入一些高并发等机制，来加快系统对用户请求的处理，将供应商用户纳入系统中，可以更好，更加全面对购物系统进行管理。系统还有许多可以改进和完善的部分，希望以后能够有机会学习到一些新技术运用到购物系统中，不断增强系统的实用性。

第 *8* 章

案例：高考志愿推荐系统 "高考智汇录"

CHAPTER *8*

视频讲解

本项目旨在开发一个基于微信小程序的高考志愿智能推荐系统，通过收集用户的个人信息、兴趣爱好和学习成绩等数据，利用算法分析和推荐技术，为用户提供个性化的高考志愿推荐方案。系统将以简洁方便的微信小程序平台作为用户端，管理员端则基于 Web 平台，使用 SpringBoot 框架进行后端开发。在项目开发过程中，将遵循软件工程的设计理念，对需求分析、系统设计、编码实现、测试等各个阶段进行严格控制。

8.1 需求分析

8.1.1 开发背景

高考填报志愿的重要性不言而喻,但很多考生对于填报志愿感到困惑,考生填错学校和志愿导致滑档的事件频繁发生,也会出现填写的学校和志愿不符合考生自己心中的要求的情况。而且填报志愿的信息来源参差不齐,给考生也带来了不便。

针对这些问题,此项目进行了大量的调查,发现霍兰德职业兴趣测试能很好地反映出一个人的爱好,基于此测试给考生推荐合适的学校,帮助他们做出更准确的志愿选择。此外,项目还设立了聊天室,让考生能够了解学校的风景和其他具体情况。项目还推荐了一些高考备考小知识,帮助考生缓解压力,另外,还有学长学姐给大家分享学校的一些趣事。通过项目的开发,不仅方便了考生的学校选择,而且还帮助考生了解了自己想去的学校的一些基本情况。

8.1.2 开发目的

此项目开发的主要目的为:

(1) 满足用户对个性化高考志愿推荐的需求。通过收集用户的个人信息、兴趣爱好和学习成绩等数据,运用算法分析和推荐技术,生成针对每个用户的个性化志愿推荐方案,帮助他们做出更准确、更合理的高考志愿选择。

(2) 促进高考志愿咨询和交流。此项目开发旨在搭建一个高考志愿咨询和交流的平台。用户可以通过系统获取高考志愿相关的信息和建议,并与其他用户进行交流和讨论,提升对高考志愿的理解和认知。

(3) 提高志愿填报的准确性和效率。通过此项目的智能推荐功能,用户能够获得针对个人情况的高考志愿推荐方案。这有助于提高填报志愿的准确性和效率,减少填报错误和重复劳动,提供更科学、个性化的志愿填报指导。

8.2 概要设计

8.2.1 系统分析

当前处于互联网时代,微信小程序具有基于微信的跨平台能力和即走、随手可得的优点。选择以微信小程序为平台,可以很好地解决安卓和 iOS 的兼容性问题,也省去了安装麻烦等问题。

系统共分为 9 个模块:登录注册模块,用户模块、找大学模块,查专业模块,学长学姐说模块,省控线模块,位次查询模块,聊天室模块,智能推荐模块。

(1) 登录注册模块:微信小程序用户授权个人信息之后,进入小程序首页。

此项目通过调用微信小程序提供的 API 接口,在获取用户授权之后,取得用户的基本信息,存入数据库,在用户登录时,核验用户信息。

Web 用户必须在注册界面注册信息,注册信息经管理员审核后才能成功注册。在后端系统登录界面输入用户名和密码,待信息通过后端系统验证后,成功进入后端系统。

(2) 用户模块:包含用户信息查看、修改、删除功能。

在小程序端,用户可以轻松地编辑和修改个人信息,包括姓名、头像、联系方式等,还可以对心仪的院校和专业进行编辑和修改,并查看霍兰德职业兴趣测试的结果。通过这些功能,用户能够定制自己的用户资料,探索和规划职业发展路径。

在 Web 端,管理员拥有对用户信息的修改权限,通过后台管理系统对用户信息进行编辑和更新,确保数据的准确性和完整性。

(3) 找大学模块:包含查看大学信息、修改大学信息功能。

在小程序端,用户可以通过搜索功能快速查找感兴趣的大学,并获取大学的基本信息和详细介绍。例如大学的位置、简介、专业信息、录取分数线、报考火热程度等。

在 Web 端,管理员可以对大学信息进行管理和维护,包括添加新的大学信息、编辑和更新现有的大学信息。

(4) 查专业模块:包含查看专业信息、修改专业信息功能。

在小程序端,用户可以通过搜索功能查找感兴趣的专业,并获取基本信息和详细介绍。例如专业名称、所属学科、报考要求等。

在 Web 端,管理员可以对专业信息进行管理和维护,包括添加、编辑和更新专业数据。

(5) 学长学姐说模块:包含查看学长学姐对于学校的客观评价,发布、修改评价功能。

在小程序端,浏览学长学姐的评价,了解学校的教学质量、校园生活等方面。这些评价可以帮助用户获取关于学校的真实观点和经验,为自己的学校选择提供参考。

在 Web 端,管理员可以对学长学姐的评价进行管理,包括审核、发布、编辑和删除评价。管理员的管理操作确保了评价的准确性和合法性,同时也能及时更新和维护评价信息。

(6) 省控线模块:包含查看指定省份的省控线,Web 端有修改省控线信息的功能。

在小程序端,用户选择具体的省份,如湖北、湖南等,获取该省份不同批次的录取要求和分数线等信息。

在 Web 端,管理员可以对省控线数据进行修改和管理,包括编辑和更新不同省份的省控线数据,以及添加新的省份信息。

(7) 位次查询模块:包含输入分数查看选定省份的位次,Web 端有管理分数位次信息的功能。

在小程序端,用户输入自己的分数,并选择指定的省份进行查询,系统会计算并返回用户在该省份的位次信息,包括排名等。

在 Web 端,管理员可以管理分数位次信息,添加新的分数位次信息并设定相关的省份、批次和分数段等信息。

(8) 聊天室模块:包含发送文字消息,图片消息,语音消息,Web 端对违规信息进行管理功能。

在小程序端,用户可以通过输入文字、发送图片或录制语音来发送消息。这些消息将实时显示在聊天室中,用户可以与其他在线用户进行即时互动和沟通。

在 Web 端,管理员可以通过监控聊天室的消息流,识别和检测可能存在的违规内容,如不恰当的言论、敏感信息等。一旦发现违规信息，管理员可以采取相应的管理措施，例如警告、禁言或屏蔽用户。

（9）智能推荐模块：包含使用霍兰德职业兴趣测试结果对用户分数信息、位次信息进行综合推荐，Web 端管理推荐系数功能。

在小程序端，用户可以完成霍兰德职业兴趣测试问卷，并填写个人的基本信息，如分数和位次等。单击"智能推荐"按钮，系统将综合分析用户的兴趣测试结果、分数和位次等信息，为其提供个性化的高考志愿推荐。

数据获取、分析是为了提供推荐所需的数据，使用 Python 编写网络爬虫来获取各大高校的相关信息，例如录取分数线、录取人数和录取位次等。爬虫将访问目标网站并提取所需信息，获取到的信息需要经过清洗、预处理和转换的步骤。对获得的数据进行分析，给每个院校和专业设计不同的权重（可采用模拟数据）。

在 Web 端，管理员可以管理推荐系数，用于调整不同因素在推荐过程中的权重。管理员可以根据实际情况，设置兴趣测试结果、分数和位次等因素的重要性，以提供更准确和个性化的推荐结果。

功能模块图如图 8-1 所示。

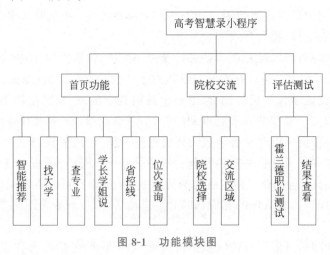

图 8-1　功能模块图

8.2.2　技术框架

微信小程序作为前端页面具有良好的兼容性和低成本的开发和维护性能。微信小程序可以在不同的设备上运行，满足用户的需求，并且无须单独开发和维护多个平台的应用程序，减少了开发和维护成本。

SpringBoot 框架作为后端服务提供者，能够整合 Spring 和 Spring MVC 等相关技术，简化了后端开发过程。SpringBoot 提供了自动配置和默认设置，减少了烦琐的配置工作，使开发人员能够专注于业务逻辑的实现，提高了开发效率。

Python 作为数据获取、分析和处理工具，具有低入门成本和简单的代码编写功能，拥有丰富的数据处理库和机器学习生态系统，使得数据的获取、清洗、转换和分析变得简单高效。开发人员可以利用 Python 的简洁易读的语法快速上手，实现数据的处理和分析，为系统提供强大的数据支持。

1. SpringBoot 框架

SpringBoot 技术简化了基于 Spring 的应用开发,能够非常方便快捷地创建一个 Spring 应用。作为一个全新开源的轻量级框架,它为所有的 Spring 开发提供了快速入门的体验和大型项目中常见的非功能特性。另外,SpringBoot 通过集成大量的框架使得依赖包的版本冲突以及引用的不稳定性等问题得到了很好的解决。

2. Python

Python 拥有丰富而成熟的机器学习,数据科学库和工具,如 NumPy、Pandas、scikit-learn 和 TensorFlow 等。这些库提供了强大的数据处理、分析和建模能力,有助于实现高考志愿推荐算法的开发和优化。同时也拥有众多成熟的爬虫库和工具,如 Beautiful Soup、Scrapy 和 Requests 等。这些库提供了强大的爬虫功能,能够帮助获取和解析网页数据,从而收集和分析与高考志愿相关的信息。

3. SQL Server

SQL Server 数据库具备方便使用、可伸缩性好和相关软件集成度高的优势。其直观的管理工具和界面使得操作简单,而出色的可伸缩性能够满足不断增长的数据需求。同时,SQL Server 与其他 Microsoft 产品和技术紧密集成,提供高效的开发工具和框架,使得开发人员能够快速构建和管理数据库驱动的应用程序。

SQL Server 体系结构如图 8-2 所示。

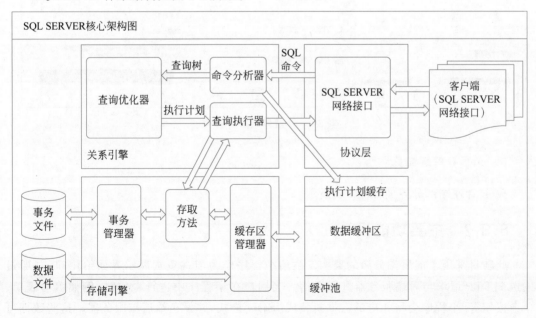

图 8-2　SQL Server 体系结构

🔑 8.3 详细设计

8.3.1 界面设计

在系统的设计中,采用了 colorui 组件库和原生 API 进行联合开发,设计了精美的页面。特别在关键部分,如智能推荐模块、聊天室模块等,利用 colorui 的组件美化了界面,优化了用户的体验,这样的设计和优化能够提升用户对系统的使用体验,使得界面更加吸引人、易于操作,提升了用户的满意度和留存率。

1. 小程序端部分界面

小程序端部分界面如图 8-3 所示。

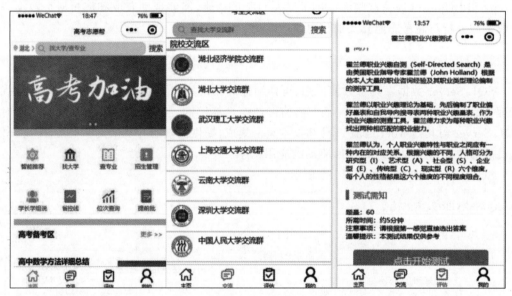

图 8-3 小程序端部分界面

2. Web 管理端部分界面

Web 管理端部分界面如图 8-4 所示。

8.3.2 主要功能设计

此项目采用了前后端分离的架构。微信小程序作为前端负责展示界面给用户,并通过发送 HTTP 请求与后端服务器进行通信。当用户在小程序中进行操作时,例如填写表单、单击按钮等,小程序会将相应的数据封装成 JSON 格式,并发送给后端服务器。这些数据可以包括用户输入的信息、请求的类型、参数等。

后端服务器接收到小程序发送的请求后,会解析请求中的 JSON 数据,根据请求的类型和参数进行相应的处理。后端服务器会进行数据验证、业务逻辑处理、数据库操作等操作,

图 8-4 Web 管理端部分界面

并将处理结果封装成 JSON 格式的数据。将处理后的 JSON 数据作为响应发送给微信小程序，小程序再进行相应的解析和处理，以展示数据或执行其他操作。

通过前后端分离的架构，前端小程序可以专注于界面展示和用户交互，而后端服务器负责处理业务逻辑和数据存储。这种架构使得前后端开发可以独立进行，并且可以灵活调整和扩展系统的功能。

由于篇幅所限，此项目的主要功能设计侧重于流程的描述而不涉及具体技术细节。

1. 登录、注册流程

用户在微信小程序端进行注册，在注册过程中会弹出授权页面，用户须确认授权个人信息的请求，包括 openid、头像、昵称、电话号码等。授权之后就可以获取上述信息。使用微信小程序发送 HTTP 请求，将获取到的个人信息发送到后端服务器。

后端服务器接收到用户的个人信息后，进行验证和处理。验证用户的信息是否完整、有效，并进行数据格式的校验。将获取到的信息进行处理，区分出文字和图片等不同类型的数据。数据检验通过之后，将用户的 openid 作为唯一的标识符。当用户进行登录/注册操作时，使用 openid 进行身份验证。后端服务器查询数据库，判断用户是否存在，如果存在则直接登录，如果不存在则将用户信息存储到数据库中进行注册。

在后端完成所有的操作后，向微信小程序返回用户信息和加密的登录信息，用于登录验证和后续的用户操作，小程序用户登录流程如图 8-5 所示。

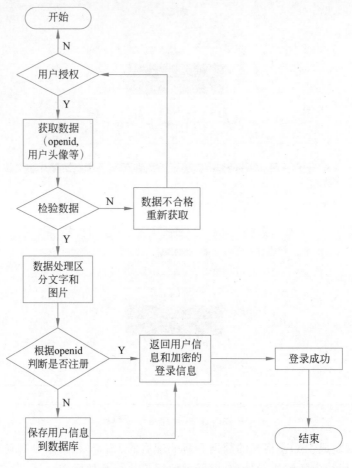

图 8-5　小程序用户登录流程

2．用户模块流程

1）管理员用户

管理员用户在注册流程中填写账号、密码和手机号等信息，并提交注册请求。提交后，该注册请求进入待审核状态，等待超级管理员的审核。超级管理员在后台管理系统中可以查看待审核的管理员用户列表。对于每个待审核的用户，超级管理员可以进行审核操作，包括通过或拒绝。如果超级管理员审核通过管理员用户的注册请求，该用户将获得管理员权限，并可以登录到管理员界面进行相关管理操作。

在管理员界面，管理员可以添加用户，并对普通用户的信息进行管理。这包括查看用户列表、编辑用户信息、重置密码、禁用/启用用户等操作。

2）普通用户

小程序端进行个人信息的修改。用户可以浏览和编辑自己的个人资料，包括头像、昵称、手机号码等。当用户完成信息修改以 request 请求提交之后，后端服务器接收到修改请求以及修改之后的用户数据，并进行审核。审核通过后，将用户修改之后的信息写入数据库，完成相应的信息更新。

管理员用户登录注册流程如图 8-6 所示，普通用户修改信息流程如图 8-7 所示。

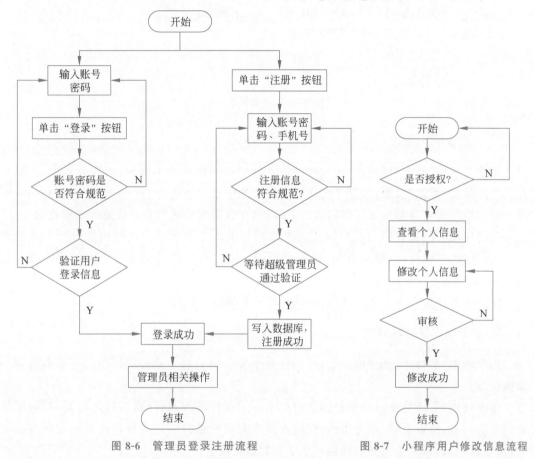

图 8-6　管理员登录注册流程　　　　　图 8-7　小程序用户修改信息流程

3. 找大学模块流程

用户登录成功后，单击"找大学"模块，在搜索框中输入要查询的大学名称，单击"搜索"按钮。小程序端将用户输入的信息以 JSON 格式发送给后端服务器。

后端服务器接收到用户输入的信息后，首先进行数据的合法性验证，包括对输入的大学名称进行检查和校验，以确保输入的数据格式正确且符合要求。验证通过后，后端服务器将根据用户输入的大学名称进行模糊查询操作。服务器会访问数据库，根据用户提供的关键字进行匹配和搜索。

搜索结果将以 JSON 格式返回给小程序端，包括相关大学的信息，如大学名称、所在地区、专业设置、录取分数线等。小程序端将接收到的搜索结果进行展示，用户可以通过浏览和单击相关信息，获取更详细的大学信息，找大学模块流程如图 8-8 所示。

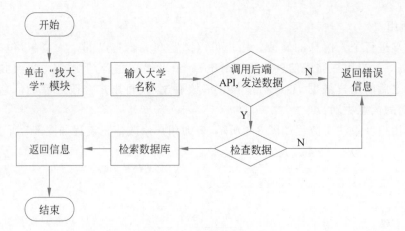

图 8-8　找大学模块流程

4. 查专业模块流程

用户单击"查专业"模块，在搜索框中输入想要查询的专业关键词，如专业名称、关键词等。然后单击"搜索"按钮，小程序端将用户填写的信息封装成为 JSON 数据后，发送给后端服务器。后端服务器会根据用户输入的关键词，在数据库中进行专业信息的模糊查询。

查询成功之后将返回与用户输入的关键词相关的专业信息。这些信息包括专业的名称、所属学校、专业介绍、就业方向、课程设置等。用户可以通过浏览和单击相关的专业信息，获取更详细的专业描述信息。

此模块的流程同找大学模块流程，故在此不再做过多描述。

5. 学长学姐说模块流程

用户单击"学长学姐"模块后，可以查看学长学姐们对于学校的评价。评价由管理员审核发布。

该模块中，管理员会收集学长学姐们对于不同学校的客观评价，然后进行发布，包括学校的教学质量、师资力量、学习氛围、校园生活等方面的信息。这些评价可以涵盖学校的优势、特色和问题，帮助考生更准确地评估学校的适合度。

学长学姐说模块流程如图 8-9 所示。

6. 省控线模块流程

用户单击"省控线"模块后，选择想要查询的省份。用户在列表中选择所需的省份，系统将显示该省份的省控线信息。

此模块的流程同找大学模块流程，故在此不再做过多描述。

7. 位次查询模块流程

用户单击"位次查询"模块后，可以选择想要查询的省份。在选择完省份后，用户可以输入自己的分数，并单击"查询"按钮进行位次查询。微信小程序会将省份信息和分数信息封装成为 JSON 数据，调用后端服务器提供的接口，通过 HTTP 请求发送给后端服务器。后

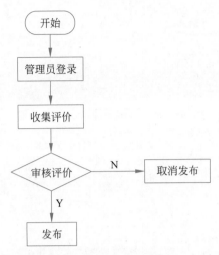

图 8-9　学长学姐说模块流程

端服务器拿到数据之后会在数据库中检索对应省份的录取位次数据。将检索到的结果封装成 JSON 格式的数据，并返回给微信小程序。微信小程序接收到后端返回的数据后，会进行解析和展示。

此模块的流程同找大学模块流程，故在此不再做过多描述。

8. 聊天室流程

用户单击"找大学"模块，浏览已收录的大学列表，选择感兴趣的大学，并单击进入该大学的交流区。

小程序向后端发送 WebSocket 连接请求，建立与后端服务器的持久化连接，后端服务器接受 WebSocket 连接请求，并进行连接确认和身份验证。WebSocket 连接建立成功后，后端服务器将用户加入该大学的交流区的 WebSocket 房间。

后端服务器向用户发送该大学交流区的聊天记录，通过 WebSocket 实时传输给小程序。用户可以浏览已有的信息，查看其他用户的发言，这些实时数据通过 WebSocket 不断更新。

用户发送的文本、语音、图片等消息，通过 WebSocket 将内容实时发送给后端服务器。后端服务器接收到用户发送的信息，进行审核和保存，并将该信息通过 WebSocket 广播给交流区内的其他用户。其他关注该大学的用户通过 WebSocket 接收到新的信息，并在小程序界面上进行实时展示。用户可以通过 WebSocket 实时交流和互动。

用户可以随时退出交流区，关闭 WebSocket 连接，如果用户返回交流区，则重新建立 WebSocket 连接，重新加入交流区的 WebSocket 房间。

聊天室模块流程如图 8-10 所示

9. 智能推荐模块流程

用户单击"智能推荐"模块，小程序会向后端服务器发送请求判断此用户是否完成霍兰德职业兴趣测试，若未完成则跳转到霍兰德职业兴趣测试问卷页面，用户完成问卷，回答一系列与职业兴趣相关的问题。用户完成问卷之后再填写分数、位次、联系方式等信息。若之

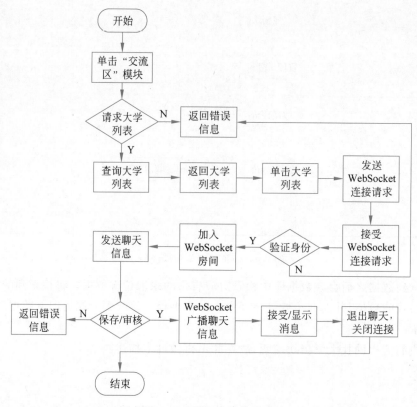

图 8-10　聊天室模块流程

前已完成问卷则直接填写信息。

　　填写完成之后单击"提交"按钮，将填写的信息发送给后端服务器，后端服务器综合用户的职业兴趣测试结果、分数和位次等信息，进行智能推荐的计算和分析，生成个性化的高考志愿推荐，将推荐结果以 JSON 格式返回给微信小程序。微信小程序接收到推荐结果，进行解析和展示，如图 8-11 所示。

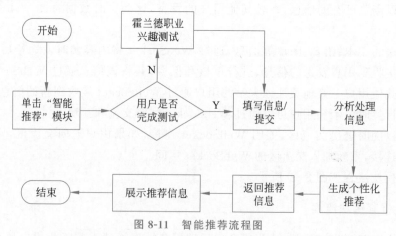

图 8-11　智能推荐流程图

8.3.3　数据库设计

1. E-R 图设计

1）用户实体图

用户实体图如图 8-12 所示。

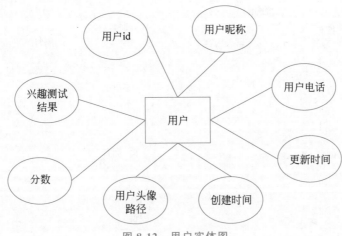

图 8-12　用户实体图

2）管理员实体图

管理员实体图如图 8-13 所示。

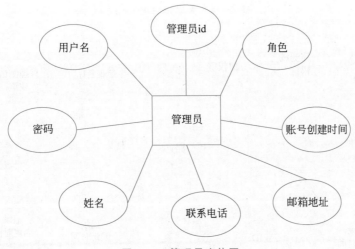

图 8-13　管理员实体图

3）大学信息 E-R 图

大学信息 E-R 图如图 8-14 所示。

4）智能推荐 E-R 图

智能推荐 E-R 图如图 8-15 所示。

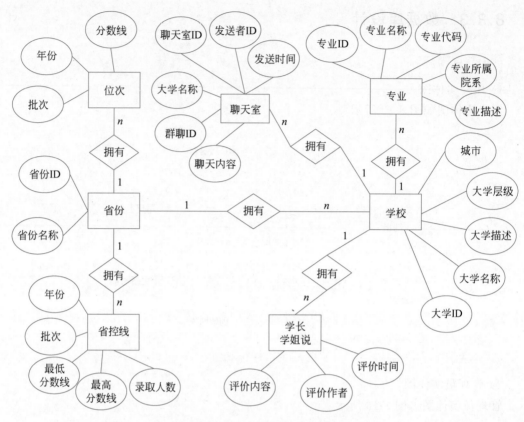

图 8-14　大学信息 E-R 图

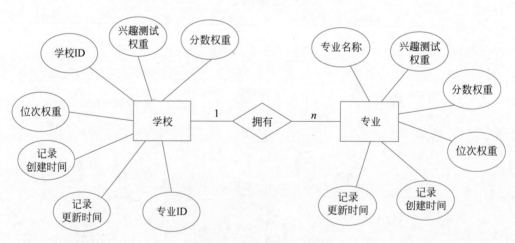

图 8-15　智能推荐 E-R 图

2. 数据库表设计

此项目的数据表设计如表 8-1～表 8-13 所示。

表 8-1　小程序用户表 user

字段名	数据类型	字段说明	主键	非空
opeid	VARCHAR	用户 id	是	是
name	VARCHAR	用户昵称		
mobile	VARCHAR	用户电话		
portrait	VARCHAR	用户头像路径		
score	FLOAT	分数		
test_result	VARCHAR	兴趣测试结果		
create_time	DATETIME	创建时间		是
update_time	DATETIME	更新时间		是

表 8-2　管理员用户表 admin

字段名	数据类型	字段说明	主键	非空
admin_id	INT	管理员 id	是	是
username	VARCHAR(50)	用户名		是
password	VARCHAR(100)	密码		是
name	VARCHAR(50)	姓名		
phone	VARCHAR(20)	联系电话		
email	VARCHAR(100)	邮箱地址		
role	VARCHAR(20)	角色		是
create_time	DATETIME	账号创建时间		是

表 8-3　省份信息表 province

字段名	数据类型	字段说明	主键	非空
province_id	INT	省份 id	是	是
province_name	VARCHAR(50)	省份名称		

表 8-4　大学信息表 university

字段名	数据类型	字段说明	主键	非空
university_id	INT	大学 id	是	是
province_id	INT	省份 id,关联省份表		是
university	VARCHAR(100)	大学名称		是
city	VARCHAR(50)	城市		是
level	VARCHAR(20)	大学层级		是
description	VARCHAR(500)	大学描述		

表 8-5　大学专业表 university_ major

字段名	数据类型	字段说明	主键	非空
university_id	INT	大学 id	是	是
major_id	INT	专业 id		是

表 8-6　专业信息表 major

字段名	数据类型	字段说明	主键	非空
major_id	INT	专业 id	是	是
major_name	VARCHAR(100)	专业名称		是
major_code	VARCHAR(50)	专业代码		是

字段名	数据类型	字段说明	主键	非空
department	VARCHAR(100)	专业所属院系		
description	VARCHAR(500)	专业描述		

表 8-7　一分一段表 rank

字段名	数据类型	字段说明	主键	非空
province_id	VARCHAR(50)	省份 id	是	是
year	INT	年份		是
batch	VARCHAR(50)	批次		是
score	INT	分数线		是

表 8-8　省控线表 province_line

字段名	数据类型	字段说明	主键	非空
province_id	INT	省份 id		是
year	INT	年份		是
batch	VARCHAR(50)	批次		是
min_score	INT	最低分数线		是
max_score	INT	最高分数线		是
admission_num	INT	录取人数		

表 8-9　学长学姐说信息表 speak_ msg

字段名	数据类型	字段说明	主键	非空
university_id	INT	大学 id	是	是
content	TEXT	评价内容		是
author	VARCHAR(50)	评价作者		是
time	DATETIME	评价时间		是

表 8-10　学校——聊天室表 chatroom_id

字段名	数据类型	字段说明	主键	非空
room_id	INT	聊天室 id	是	是
university _id	VARCHAR(50)	大学名称		

表 8-11　聊天信息表 chatroom_msg

字段名	数据类型	字段说明	主键	非空
room_id	INT	聊天室 id	是	是
group_id	INT	群聊 id		是
sender_id	INT	发送者 id		是
content	TEXT	聊天内容		是
send_time	DATETIME	发送时间		是

表 8-12　智能推荐——学校信息权重表 school_wgt

字段名	数据类型	字段说明	主键	非空
university _id	INT	学校 id	是	是
major_id	INT	专业 id	是	是

续表

字段名	数据类型	字段说明	主键	非空
interest_weight	FLOAT	兴趣测试权重		是
score_weight	FLOAT	分数权重		是
rank_weight	FLOAT	位次权重		是
created_at	DATETIME	记录创建时间		是
updated_at	DATETIME	记录更新时间		是

表 8-13 智能推荐——专业信息权重表 major_wgt

字段名	数据类型	字段说明	主键	非空
major_id	INT	专业 id	是	是
major_name	VARCHAR(100)	专业名称		是
interest_weight	FLOAT	兴趣测试权重		是
score_weight	FLOAT	分数权重		是
rank_weight	FLOAT	位次权重		是
created_at	DATETIME	记录创建时间		是
updated_at	DATETIME	记录更新时间		是

8.3.4 关键技术

1. 推荐算法设计

首先，用户完成霍兰德职业兴趣测试问卷，得到职业兴趣分布。然后，根据用户的位次和分数，设置相应的权重，用于反映竞争水平和学术能力。根据用户选择的省份，设置省份权重，反映不同省份的录取政策和竞争情况。

在学校信息权重表中，根据用户的职业兴趣分布、位次和分数，查找对应学校的权重值。这些权重值反映了学校与用户职业兴趣、位次和分数的匹配程度，以及用户对学校的倾向性。综合考虑职业兴趣、分数和位次的权重，计算每所学校的综合推荐得分。将学校按综合推荐得分从高到低排序，根据用户的志愿填报限制，推荐最适合的学校。

用户可以查看学长学姐对学校的评价，通过交流去了解学校情况。此外，用户还可以进行位次查询，填写高考分数并获取省份的省控线，做出更好的学校选择。

综合考虑用户的职业兴趣、位次、分数和省份等因素，并设置不同的权重，为用户提供个性化、准确的高考志愿推荐，帮助用户做出更好的学校选择。实际的算法设计根据数据和用户反馈进行优化和调整，以提供更好的推荐结果。

推荐算法示例如下。

H：用户的职业兴趣得分向量，包含各个职业类别的得分。

$W1$：位次权重，表示位次在综合推荐中的重要程度。

$W2$：分数权重，表示分数在综合推荐中的重要程度。

$W3$：省份权重，表示省份在综合推荐中的重要程度。

S：用户的高考分数。

R：用户的位次。

P：用户选择的省份。

SW：学校权重表，包含各所学校与用户职业兴趣、位次和分数的匹配得分。

综合推荐得分计算公式如下：

推荐得分$=W1*R+W2*S+W3*P+(\boldsymbol{H}\cdot\text{SW})$

其中，$(\boldsymbol{H}\cdot\text{SW})$表示职业兴趣得分向量 $\boldsymbol{H}$ 与学校权重表 SW 的点积，即计算用户职业兴趣与各所学校的匹配程度。

假设用户的职业兴趣测试结果为 $H=[0.5,0.8,0.6]$，分别代表职业类别 A、B、C 的得分。用户的高考分数为 $S=650$，位次为 $R=1200$，选择的省份为 $P=$"××省"。假设学校权重表 SW 如表 8-14 所示(数字为匹配得分)。

表 8-14　学校权重表

学校名称	A 类权重匹配	B 类权重匹配	C 类权重匹配	位次匹配	分数匹配
学校 A	0.7	0.3	0.6	0.8	0.7
学校 B	0.6	0.7	0.5	0.6	0.8
学校 C	0.4	0.6	0.7	0.5	0.6

推荐得分$=W1*R+W2*S+W3*P+(\boldsymbol{H}\cdot\text{SW})$

假设权重设置为 $W1=0.4,W2=0.3,W3=0.3$，则计算推荐得分：

推荐得分$=0.4*1200+0.3*650+0.3*$"××省"$+([0.5,0.8,0.6]\cdot[0.7,0.3,0.6,0.8,0.7])$

推荐得分$=480+195+0.3*$"××省"$+(0.5*0.7+0.8*0.3+0.6*0.6)$

请注意，实际计算中，对于省份权重可能需要进行数据映射或其他处理，而学校权重表 SW 的数据可能需要从实际调研和评估中得到。

具体推荐算法建议由读者结合实际情况自行设计。

2. WebSocket 即时聊天的实现思路

1) 前端实现

在微信小程序前端，使用 WebSocket API 与后端建立 WebSocket 连接。可以通过 wx. connectSocket 方法创建连接，并监听连接状态。用户在聊天室界面输入文字、发送图片或语音等信息，前端将这些信息封装成 JSON 格式，并通过 WebSocket 发送到后端。前端需要监听 WebSocket 的消息事件，接收后端发送过来的消息，并将消息展示在聊天室界面上。

2) 后端实现

使用后端技术(SpringBoot、Python 等)搭建 WebSocket 服务器，接收 WebSocket 连接请求。监听用户连接事件，管理用户与 WebSocket 的连接，以便实现实时通信。接收前端发送的消息，对消息进行解析处理，如存储到数据库、进行敏感词过滤等操作。将收到的消息转发给聊天室中的其他用户，实现实时聊天。

3) 数据存储

使用数据库存储聊天信息，保留聊天记录供用户查看历史消息。使用缓存技术如 Redis，来管理在线用户和聊天室信息，提高聊天的性能和扩展性。

4) 实时消息广播

在收到用户发送的消息后，后端需要将消息广播给聊天室中的其他用户，让他们实时收到新消息。使用 WebSocket 广播消息给所有在线用户，或使用消息队列等技术实现消息的分发。

详细实现代码请参考 WebSocket 官网，阅读开发文档。

3. Python 爬虫获取信息

（1）确定目标网站：首先，需要确定从哪个网站获取大学录取信息。假设选择了一个××部门或××信息网站，该网站提供了各大高校的录取信息。

（2）确定爬取页面：确定在目标网站上爬取录取信息的页面，通常是一个包含大学录取信息的列表页或者搜索页面。

（3）发起 HTTP 请求：使用 Python 的 requests 库向目标网站发送 HTTP 请求，获取网页的 HTML 内容。

（4）解析网页内容：使用 BeautifulSoup 库对网页的 HTML 内容进行解析，从中提取出大学的名称、录取分数线、录取人数和录取位次等信息。

（5）数据处理和存储：将获取到的信息进行数据处理，例如清洗数据、格式转换等，然后可以选择将数据存储到数据库中或者保存为文件。

（6）爬取下一页（可选）：如果目标网站的录取信息被分页展示，可以继续爬取下一页的内容，直到获取所有需要的信息。

（7）设置爬虫频率：为了避免给目标网站带来过多的请求压力，可以设置爬虫的访问频率，避免过于频繁地访问。

（8）异常处理：考虑到网络请求可能会失败或者出现其他异常情况，应该添加适当的异常处理机制，确保爬虫的稳定性和健壮性。

以下为 Python 爬虫示例：

```
1.    import requests
2.    from bs4 import BeautifulSoup
3.
4.    def scrape_university_info():
5.        url = "XXXX"   # 替换为实际的目标网站 URL
6.        try:
7.            response = requests.get(url)
8.            if response.status_code == 200:
9.                soup = BeautifulSoup(response.text, 'html.parser')
10.               university_list = soup.find_all('div', class_ = 'university')
11.               for university in university_list:
12.                   name = university.find('h2').text
13.                   admission_score = university.find('span', class_ = 'admission - score').text
14.                   admission_count = university.find('span', class_ = 'admission - count').text
15.                   admission_rank = university.find('span', class_ = 'admission - rank').text
16.               # 可以将获取到的信息存储到数据库或者以其他方式进行处理
17.                   print(f"学校名称：{name}")
18.                   print(f"录取分数线：{admission_score}")
19.                   print(f"录取人数：{admission_count}")
```

```
20.                    print(f"录取位次: {admission_rank}")
21.                    print(" =========================== ")
22.            else:
23.                print(f"Failed to fetch data. Status code: {response.status_code}")
24.        except requests.exceptions.RequestException as e:
25.            print(f"Error occurred: {e}")
26.  if __name__ == "__main__":
27.      scrape_university_info()
```

🔍 8.4　测试报告

8.4.1　小程序首页测试用例

（1）编号：1。

（2）功能：微信小程序首页展示。

（3）操作步骤：扫描二维码进入小程序首页。

（4）预期结果：显示顶部轮播图、中间功能模块、底部导航栏。

（5）实际结果：小程序实际显示出轮播图、功能模块、底部导航栏。

8.4.2　小程序登录测试用例

（1）编号：2。

（2）功能：第一次登录，将用户信息注册存入数据库中，被存储的用户直接进入小程序首页。

（3）操作步骤：授权小程序获取个人信息。

（4）预期结果：登录成功，进入首页。

（5）实际结果：用户登录成功，进入首页。

8.4.3　后台管理系统登录测试用例

（1）编号：3。

（2）功能：管理员登录、修改学校、用户等信息。

（3）操作步骤：输入账号密码登录，单击"相关模块"修改信息。

（4）预期结果：账号密码正确，登录成功，修改信息成功；错误则登录失败。

（5）实际结果：账号密码输入错误时无法登录；正确时登录成功，进入模块修改信息。

8.4.4　大学模块测试用例

（1）编号：4。

（2）功能：大学查询功能。

（3）操作步骤：单击"找大学"模块，在搜索框中输入有效的大学名称，单击"搜索"按钮。

（4）预期结果：显示相关大学的详细信息。

（5）实际结果：显示相关大学信息列表。

8.4.5　查专业模块测试用例

（1）编号：5。

（2）功能：专业查询功能。

（3）操作步骤：单击"查专业"模块，在搜索框中输入有效的专业名称，单击"搜索"按钮。

（4）预期结果：显示相关专业的详细信息。

（5）实际结果：显示相关专业的详细信息。

8.4.6　学长学姐说模块测试用例

（1）编号：6。

（2）功能：学长学姐评价查询功能。

（3）操作步骤：单击"学长学姐说"模块，选择相关大学的交流区。

（4）预期结果：显示学长学姐对该大学的评价信息。

（5）实际结果：显示学长学姐对该大学的评价信息。

8.4.7　省控线模块测试用例

（1）编号：7。

（2）功能：省控线查询功能。

（3）操作步骤：单击"省控线"模块，选择想要查询的省份，输入有效的分数，单击"查询"按钮。

（4）预期结果：显示所选省份的省控线信息和位次。

（5）实际结果：显示所选省份的省控线信息和位次。

8.4.8　位次查询模块测试用例

（1）编号：8。

（2）功能：位次查询功能。

（3）操作步骤：单击"位次查询"模块，选择想要查询的省份，输入有效的分数，单击"查询"按钮。

（4）预期结果：显示所选省份的分数位次线。

（5）实际结果：显示所选省份的分数位次线。

8.4.9　聊天室模块测试用例

（1）编号：9。

（2）功能：聊天室功能。

（3）操作步骤：单击"聊天室"模块，进入选择的聊天室，发送文字消息、图片消息、语音消息等。

（4）预期结果：消息发送成功，并显示在聊天室中。

（5）实际结果：消息发送成功，并显示在聊天室中，消息正常展示。

8.4.10　智能推荐模块测试用例

（1）编号：10。

（2）功能：智能推荐功能。

（3）操作步骤：单击"智能推荐"模块，完成霍兰德职业兴趣测试问卷，输入分数和位次等个人信息，单击"智能推荐"按钮。

（4）预期结果：根据测试结果、分数和位次等信息，推荐合适的高考志愿。

（5）实际结果：根据测试结果、分数和位次等信息，成功推荐合适的高考志愿。

8.5　安装方法

8.5.1　安装环境及要求

微信小程序版本 2.16.1 以上(覆盖 99％的用户)：主要用于编写前端界面。

IntelliJ IDEA 2022.1：主要用于编写后台界面。

PyCharm：主要用于编写爬虫获取信息。

SQL Server 2019：数据库。

8.5.2　安装过程

1. IntelliJ IDEA 2022.1

（1）下载最新的 IDEA2022.1 版本安装包。

首先从 IDEA 官网下载 IDEA2022.1 版本的安装包，选择要下载的版本，单击"下载"按钮，静心等待其下载完毕即可。

（2）开始安装 IDEA2022.1 版本。

在 PC 端双击打开刚刚下载好的 idea.exe 格式安装包，安装目录默认为 C:\Program Files\JetBrains\IntelliJ，勾选创建桌面快捷方式，方便后续使用 IDEA。单击 Install 按钮，IDEA 运行成功后，会弹出对话框，提示需要先登录 JetBrains 账户才能使用。可以注册一个账号并登录。

（3）环境配置。

配置相关的环境，并运行项目后端代码。

2. 微信开发者工具

（1）下载微信开发者工具。

首先从微信官方文档找到并下载所需版本的微信开发者工具的安装包。

（2）安装。

双击下载好的安装包，单击"下一步"按钮，单击"我接受"，选择安装目录，这里建议选择默认的安装目录，然后安装，耐心等待安装完成，单击"完成"按钮，完成对微信开发者工具的安装。

（3）环境配置。

配置相关的环境，并运行项目前端代码。

3. SQL Server

（1）下载 SQL Server 数据库。

进入 SQL Server 官方网站，找到所需版本的安装包并下载。

（2）安装 SQL Server 数据库。

双击安装包开始安装，勾选"同意"，然后单击"下一步"按钮，选择安装类型，选"全新的 SQL Server 独立安装或向现有安装添加功能"，然后单击"下一步"按钮，指定版本选择 Developer，单击"下一步"按钮。接受许可条款，单击"下一步"按钮。然后继续单击"下一步"按钮直到要求指定密码之时停止，输入自定义的密码。单击"添加当前用户"，之后单击"下一步"按钮。单击"安装"按钮，等待安装结束。安装过程详见附录 A.2。

4. Python

（1）下载最新的 PyCharm 2022.1 版本安装包。

首先从 IDEA 官网下载 PyCharm 2022.1 版本的安装包，选择要下载的版本，单击"下载"按钮，静心等待其下载完毕即可。

（2）安装 PyCharm2022.1 版本。

在 PC 端，双击打开刚刚下载好的 PyCharm.exe 格式安装包，安装目录默认为 C:\Program Files\JetBrains\IntelliJ，勾选创建桌面快捷方式，方便后续使用 IDEA。单击 PyCharm 运行成功后，会弹出对话框，提示需要先登录 JetBrains 账户才能使用，这时可以去注册一个账号并登录。

（3）环境配置。

配置相关的环境，并运行项目后端代码。

8.5.3　使用流程

目前小程序为体验版，还未正式上线。

1. 授权登录

界面如图 8-16 所示。

2. 首页

界面如图 8-17 所示。

图 8-16　授权登录界面

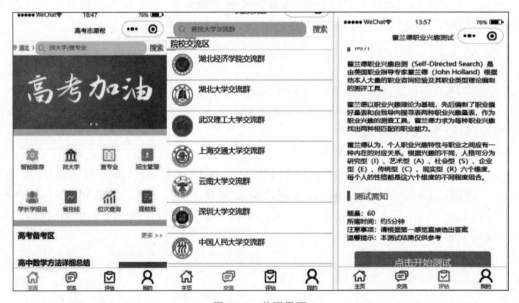

图 8-17　首页界面

3. 找大学

界面如图 8-18 所示。

4. 查专业

界面如图 8-19 所示。

图 8-18　找大学界面

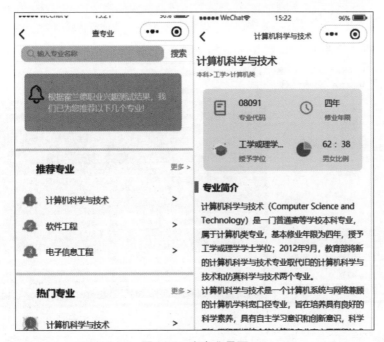

图 8-19　查专业界面

5. 学长学姐说

界面如图 8-20 所示。

图 8-20 学长学姐说界面

6. 省控线、位次查询

界面如图 8-21 所示。

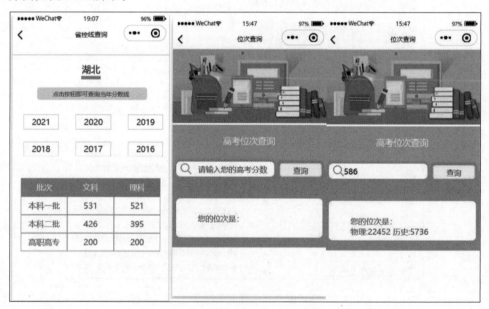

图 8-21 省控线、位次查询界面

7. 聊天室

界面如图 8-22 所示。

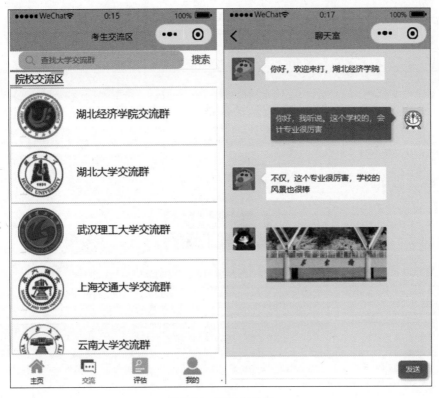

图 8-22　聊天室界面

8. 智能推荐

界面如图 8-23 所示。

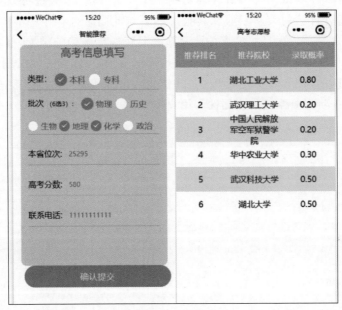

图 8-23　智能推荐界面

9. 后台登录

界面如图 8-24 所示。

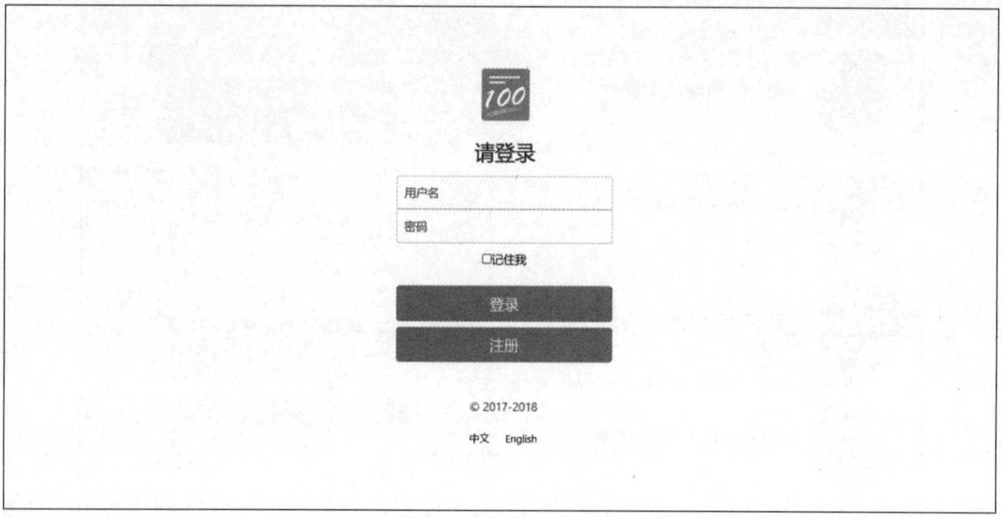

图 8-24　后台登录界面

8.6　项目总结

　　本项目主要研究了"霍兰德职业兴趣测试＋混合推荐算法"的高考志愿推荐系统的实现，简要介绍了高考志愿填报对于考生的未来发展和职业规划影响。目前系统完成了推荐算法、霍兰德职业兴趣测试、聊天、博客等功能。在一定程度上，系统可以帮助考生更加科学、准确地选择适合自己的大学专业和填报志愿。与此同时也存在一些不足之处，由于时间、开发成本等外部原因，项目并没有在推荐算法上获得更准确的结果，推荐的准确性和个性化程度还有待提高。同时，在霍兰德职业兴趣测试方面，可能存在测试题目不够全面或者评估方式不够准确的情况，需要进一步改进和优化。系统还有许多可以改进和完善的部分，希望未来能够进一步提升系统的实用性和用户体验。

附录A

数据库安装方法

APPENDIX A

加强基础研究，是实现高水平科技自立自强的迫切要求，是建设世界科技强国的必由之路。

——《求是》杂志发表习近平总书记的重要文章《加强基础研究 实现高水平科技自立自强》

🔍 A.1 MySQL 的下载安装

A.1.1 MySQL 5.7 的下载安装

MySQL5.7.23 的下载地址为：https://dev.mysql.com/downloads/windows/installer/5.7.html,下载界面如图 A-1 所示。

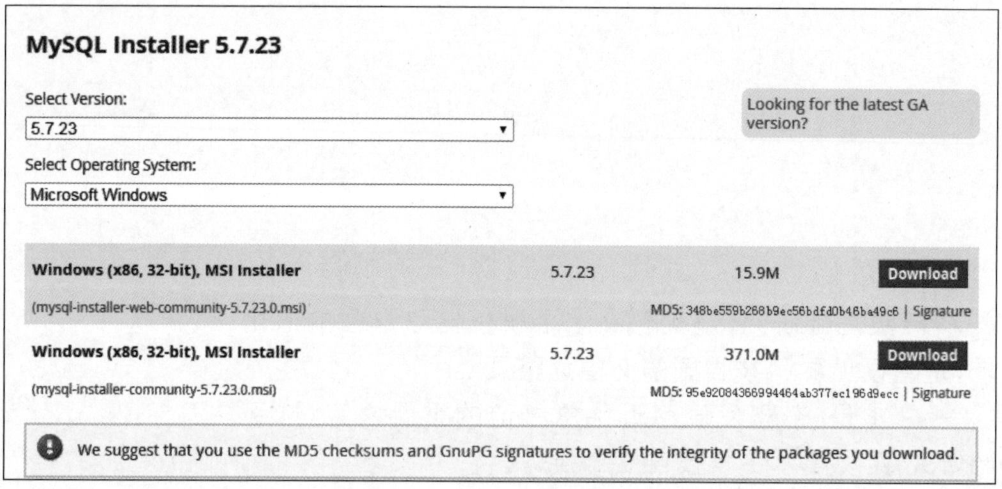

图 A-1 MySQL 的下载界面

第一个 Download 下载数据量小,需要在线安装；第二个 Download 下载数据量大,可以离线安装。安装的时候需要 dotNet 4.0,如果计算机中已有,可以直接安装,如果没有,先运行 dotNetFx40_Full_x86_x64.exe,然后就可以直接进行安装。

1. MySQL 的安装

本书选用 Windows 操作系统作为开发平台,选择 MySQL(5.7.12)安装。
具体安装过程如下。

(1) 双击 mysql-installer-community-5.7.12.msi 安装文件,进入图 A-2 所示的界面。

(2) 选中 I accept the license terms 复选框,单击 Next 按钮,进入选择安装类型界面,如图 A-3 所示。

(3) 单击 Next 按钮,进入检查要求界面,如图 A-4 所示。

(4) 单击 Next 按钮,进入安装界面,如图 A-5 所示。

(5) 单击 Execute 按钮,完成后,单击 Next 按钮,进入下一个界面,再单击 Next 按钮,进入账号和角色界面,如图 A-6 所示。

(6) 输入 root 用户密码(一定不要忘记,以后需要用这个密码登录),接下来的两个界面中单击 Next 按钮继续,进入应用服务器配置界面,如图 A-7 所示。

(7) 单击 Execute 按钮,完成后,单击 Finish 按钮,进入下一个界面,再单击 Next 按钮,进入"连接服务器"界面,如图 A-8 所示。

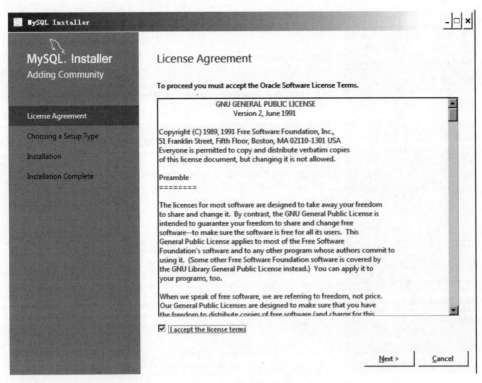

图 A-2 许可条款界面

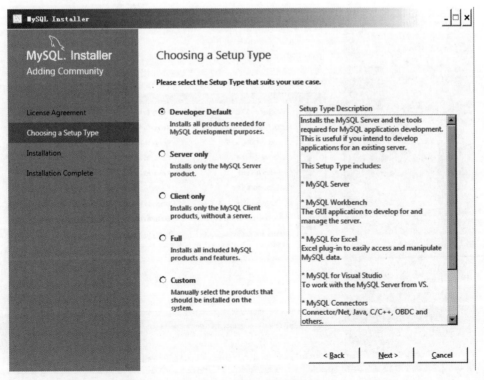

图 A-3 选择安装类型界面

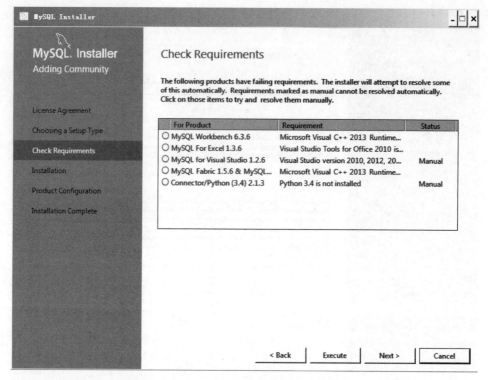

图 A-4　检查要求界面

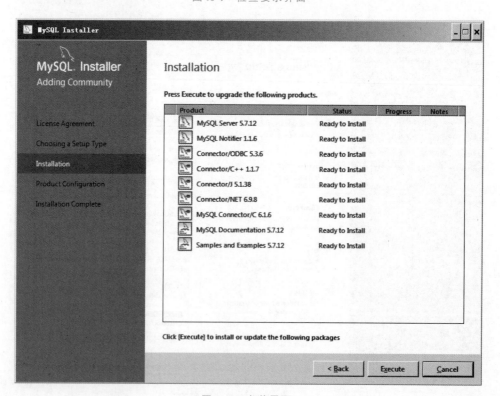

图 A-5　安装界面

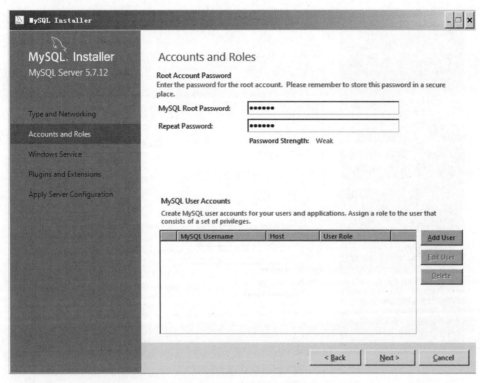

图 A-6　账号和角色界面

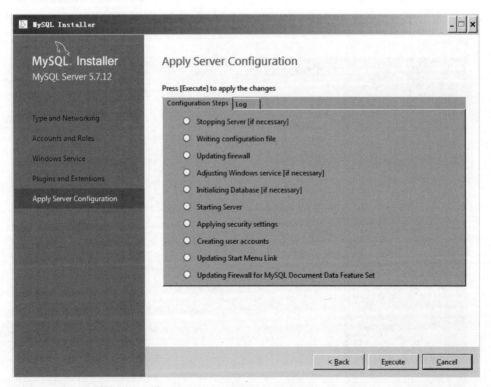

图 A-7　应用服务器配置界面

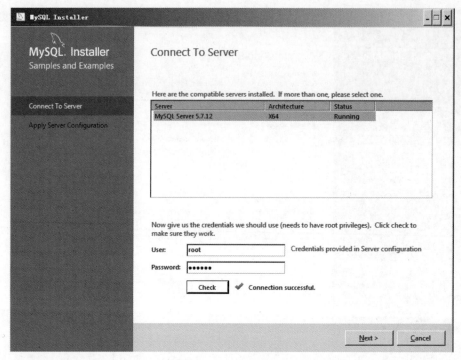

图 A-8　连接服务器界面

　　(8) 输入 root 用户密码，单击 Check 按钮，正常情况下，系统会输出 Connection Successful，表示连接数据库服务器成功。再单击 Next 按钮，进入应用服务器配置界面，如图 A-9 所示。

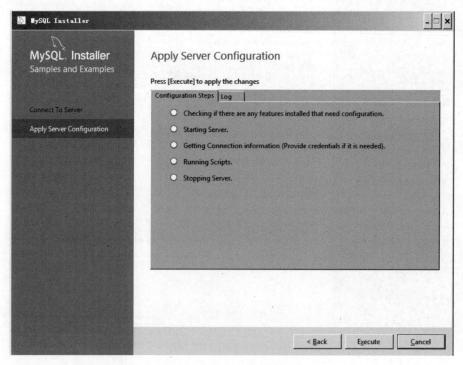

图 A-9　应用服务器配置界面

（9）单击 Execute 按钮，完成后，单击 Finish 按钮，进入下一个界面，再单击 Next 按钮，
进入安装完成界面，如图 A-10 所示。

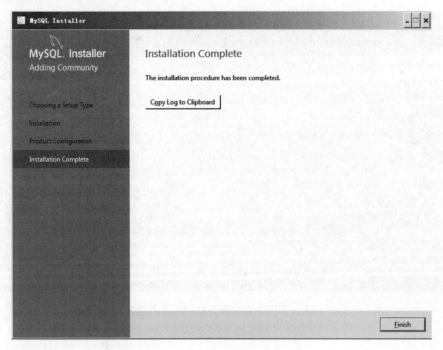

图 A-10 安装完成界面

（10）单击 Finish 按钮，就完成了 MySQL 的安装。

（11）MySQL 安装完成后，在 Windows 的"所有程序"中找到 MySQL 命令行客户端工
具，如图 A-11 所示。

图 A-11 找到 MySQL 命令行客户端工具

（12）输入 root 用户密码，出现 mysql＞提示符，如图 A-12 所示，就可以输入 SQL 命令了。

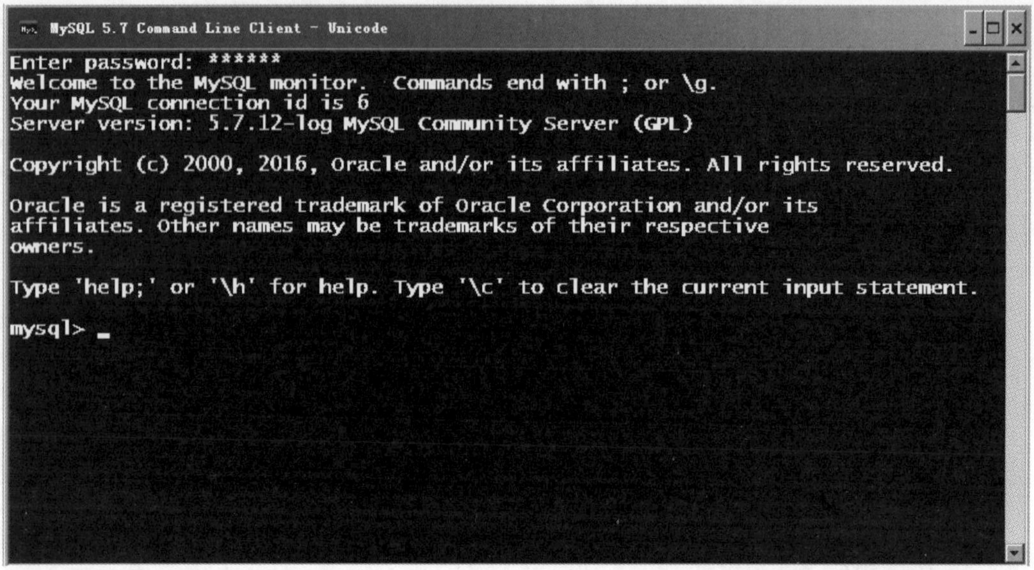

图 A-12　MySQL 命令行客户端工具的操作界面

2. 基本操作命令

（1）创建数据库：

create database database_name；

其中 database_name 是新建数据库名。

例如：create database OrdersDB；

（2）查看数据库：

show databases；

（3）选择当前操作的数据库：

use database_name；

在进行数据库操作前，必须指定操作的是哪个数据库。

例如：use OrdersDB；

（4）查看当前操作的数据库中所有的表：

show tables；

（5）查看表结构：

describe table_name；（describe 也可以简写为 desc）

查看表名为 table_name 的表结构。

例如：desc orders；

（6）查看表中的数据：

select ＊ from table_name；

例如：select ＊ from orders；

（7）删除数据库（该命令慎用！）：

drop database database_name;

例如：drop database OrdersDB;

A.1.2　MySQL 8.0 的下载安装

MySQL 8.0.34 的下载地址为 https://dev. mysql. com/downloads/windows/installer/8.0. html，下载界面如图 A-13 所示。

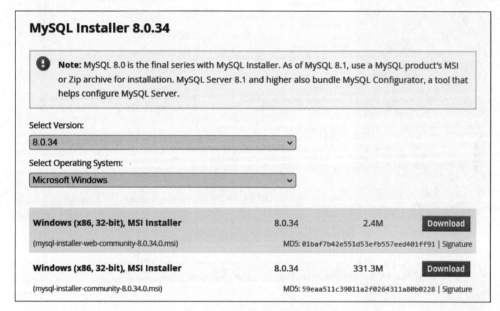

图 A-13　MySQL 的下载界面

第一个 Download 下载数据量小，需要在线安装；第二个 Download 下载数据量大，可以离线安装。安装的时候需要 dotNet 4.0，如果计算机中已有，就可以直接安装，如果没有，先运行 dotNetFx40_Full_x86_x64.exe，然后就可以直接安装。

本书选用 Windows 操作系统作为开发平台，选择 MySQL(8.0.34)安装。

具体安装过程如下。

（1）双击 mysql-installer-community-8.0.34.0.msi 安装文件，进入如图 A-14 所示的界面。

（2）单击 Next 按钮，进入检查要求界面，如图 A-15 所示。

（3）单击 Execute 按钮，弹出一个窗口，如图 A-16 所示。

（4）选中"我同意许可条款和条件"复选框，单击"安装"按钮，在下个窗口中单击"关闭"按钮，回到检查要求界面，如图 A-17 所示。

（5）单击 Next 按钮，进入安装界面，如图 A-18 所示。

（6）单击 Execute 按钮，完成后，单击 Next 按钮，进入下一个界面，再单击 Next 按钮，进入产品配置界面，如图 A-19 所示。

（7）单击 Next 按钮，进入下一个界面，在接下来的两个界面中，单击 Next 按钮继续，进入账号和角色界面，如图 A-20 所示。

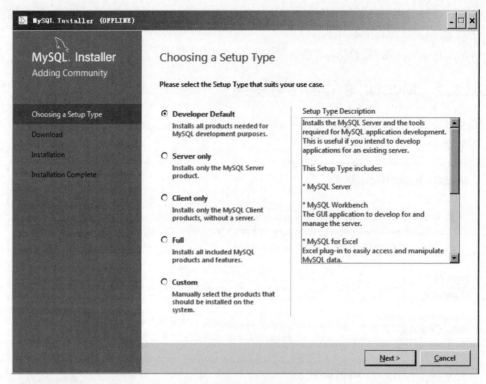

图 A-14　选择安装类型界面

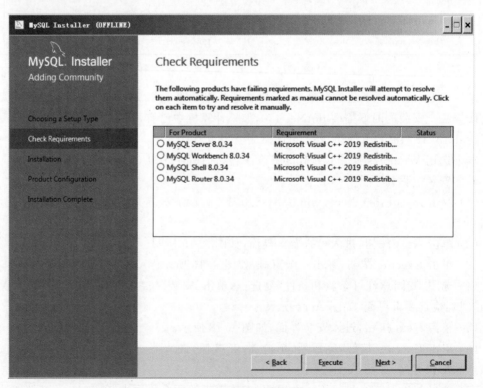

图 A-15　检查要求界面

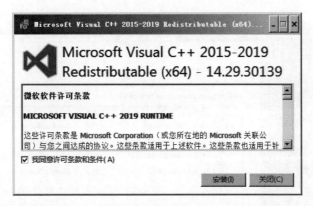

图 A-16　许可条款窗口

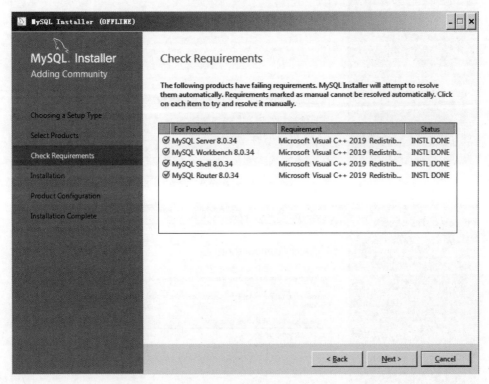

图 A-17　回到检查要求界面

（8）输入 root 用户密码（一定不要忘记，以后需要用这个密码登录），在接下来的两个界面中，单击 Next 按钮继续，进入应用配置界面后单击 Execute 按钮，结果如图 A-21 所示。

（9）完成后，单击 Finish 按钮，进入下一个界面，再单击 Next 按钮，再单击 Finish 按钮，进入产品配置界面，如图 A-22 所示。

（10）再单击 Next 按钮，再单击 Finish 按钮，进入安装完成界面，如图 A-23 所示。

（11）单击 Finish 按钮，就完成了 MySQL 的安装。

（12）MySQL 的安装完成后，在 Windows 的"所有程序"中找到 MySQL 命令行客户端工具，如图 A-24 所示。

（13）输入 root 用户密码，出现 mysql＞提示符，如图 A-25 所示，就可以输入 SQL 命令了。

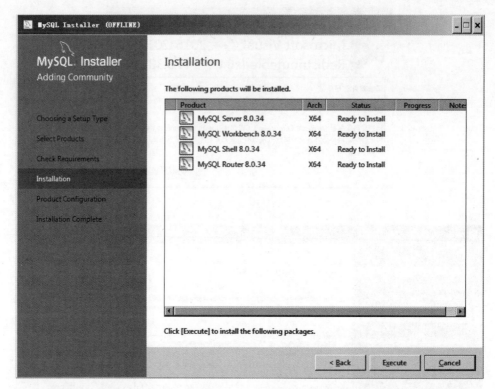

图 A-18　安装界面

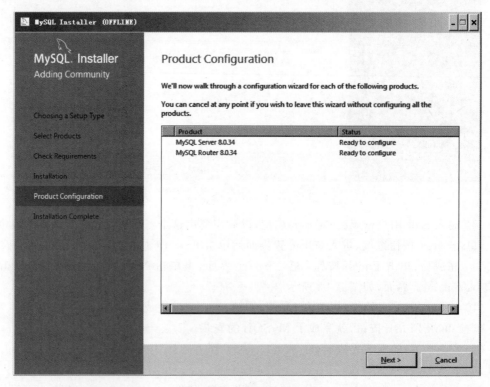

图 A-19　产品配置界面 1

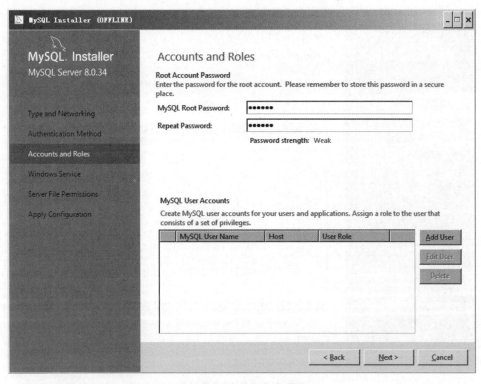

图 A-20 账号和角色界面

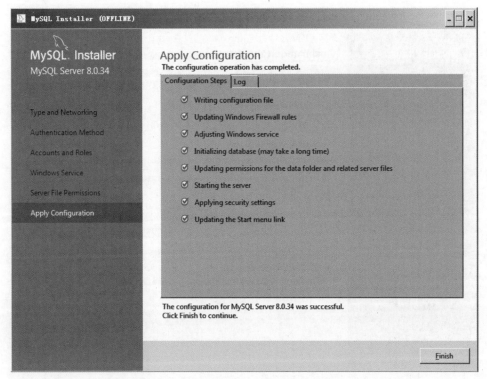

图 A-21 应用配置界面

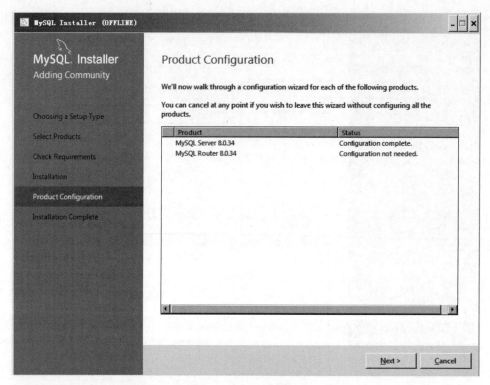

图 A-22　产品配置界面 2

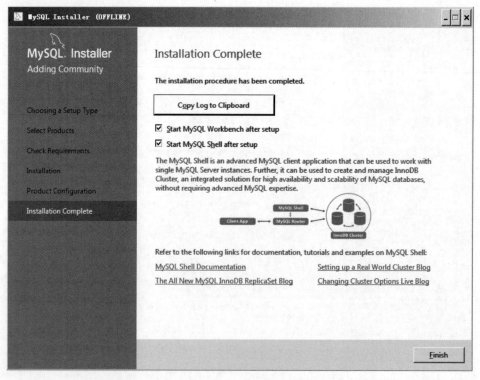

图 A-23　安装完成界面

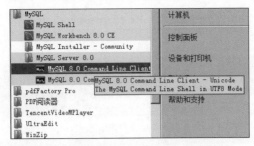

图 A-24　找到 MySQL 命令行客户端工具

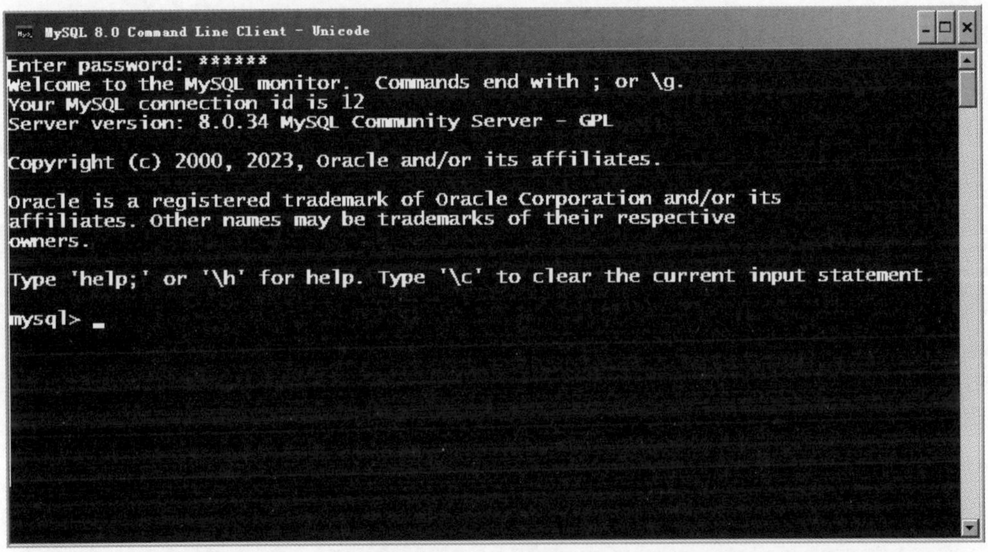

图 A-25　MySQL 命令行客户端工具的操作界面

A.2　SQL Server 的下载安装

A.2.1　SQL Server 2008 R2 的下载安装

SQL Server 2008 R2 的下载地址为 https://www.microsoft.com/zh-CN/download/details.aspx?id=30438,下载界面如图 A-26 所示。

打开下载链接,选择语言后单击红色的下载按钮,然后选择下述的两个程序进行下载。如果你的计算机是 32 位的,那么选择对应的 x86 版本进行下载,如图 A-27 所示。

安装分为两步,先安装 SQL EXPR,再安装 SQL ManagementStudio,如图 A-28 所示。具体安装过程如下。

(1) 双击打开 SQL EXPR 文件,进入安装中心界面,选择第一个选项,如图 A-29 所示。

(2) 选择“我接受许可条款”复选框,单击“下一步”按钮,如图 A-30 所示。

(3) 在功能选择中,选择所希望的 SQL Server 安装目录,单击“下一步”按钮,如图 A-31 所示。

(4) 在实例配置中,单击“下一步”按钮,如图 A-32 所示。

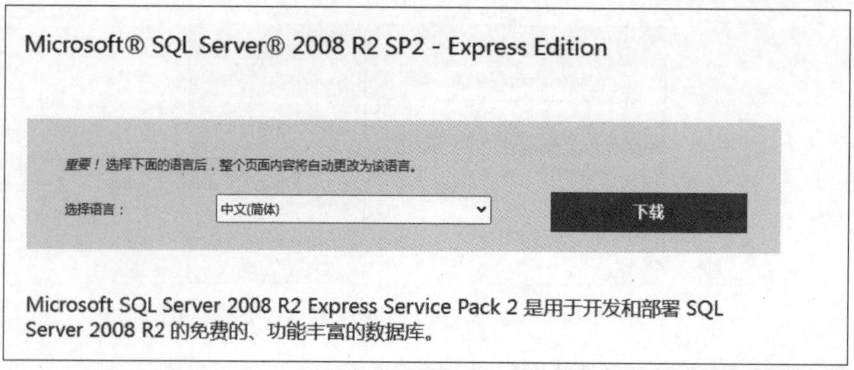

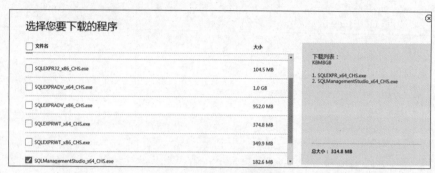

图 A-26　SQL Server 的下载界面

图 A-27　选择下载的程序

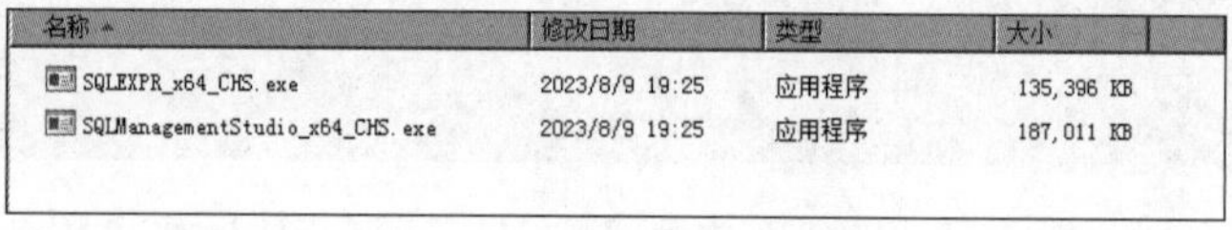

图 A-28　需要安装的程序

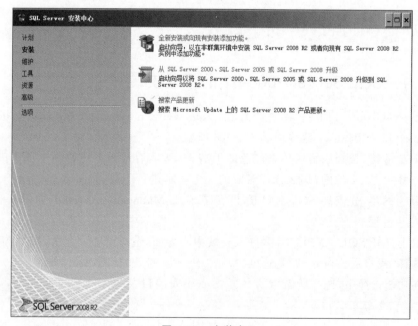

图 A-29　安装中心

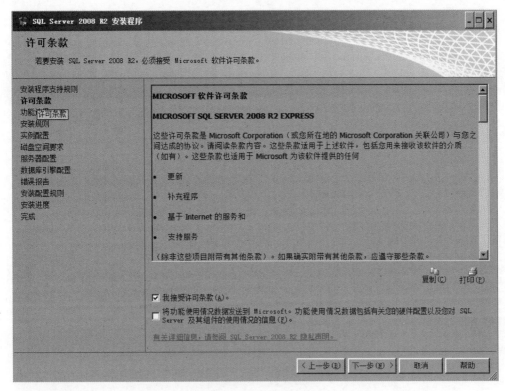

图 A-30 许可条款

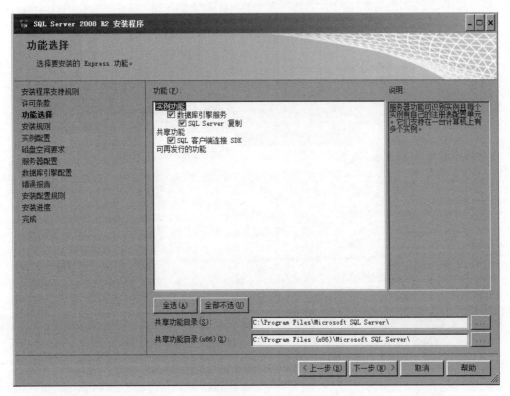

图 A-31 功能选择

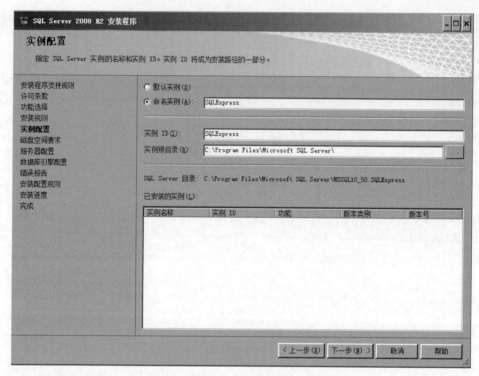

图 A-32　实例配置

（5）在服务器配置中保持默认设置，单击"下一步"按钮，如图 A-33 所示。

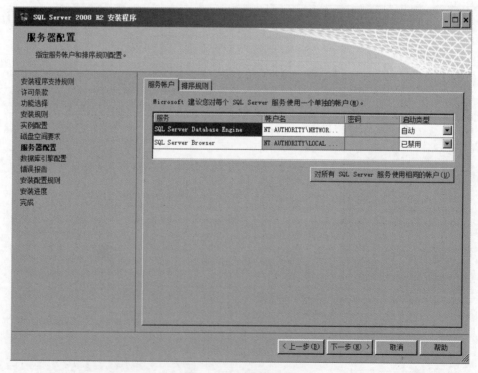

图 A-33　服务器配置

（6）在数据库引擎配置中，两个身份验证模式均可选择。如果选择 Windows 身份验证模式并且 SQL Server 管理员为空，要手动添加用户。但是后续如果希望用 SQL Server 身份验证登录，需要进一步设置。所以作者更推荐选择"混合模式"。选择混合模式后，自行设置 SQL Sever 身份验证登录的登录密码。单击"下一步"按钮，如图 A-34 所示。

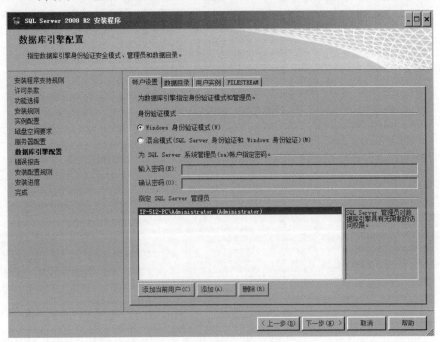

图 A-34　数据库引擎配置

（7）在错误报告中，单击"下一步"按钮，如图 A-35 所示。

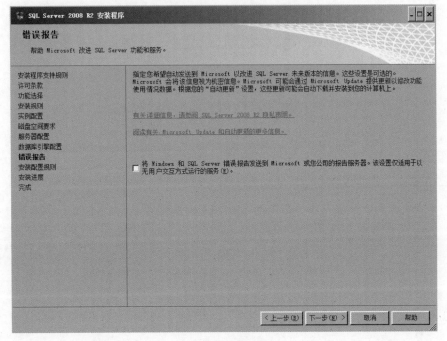

图 A-35　错误报告

（8）完成 SQL EXPR 的安装，可关闭页面，如图 A-36 所示。

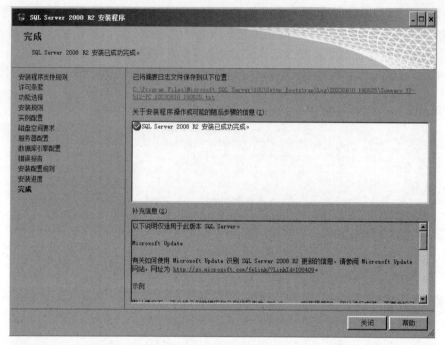

图 A-36　完成安装

接下来进行 SQL ManagementStudio 的安装。

（1）双击 SQLManagement，弹出安装界面，接下来的安装过程和 SQL EXPR 的安装过程大同小异，没有特殊情况，就不作说明了，按照下面图片的指引一步步往下进行即可。选择第一项，如图 A-37 所示。

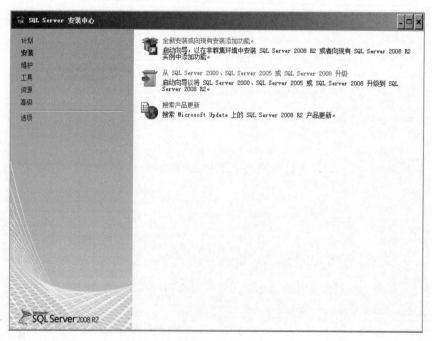

图 A-37　安装中心

（2）在安装类型中，已安装的实例信息就是我们刚刚在 SQL EXPR 安装中所填写的信息，如图 A-38 和图 A-39 所示。

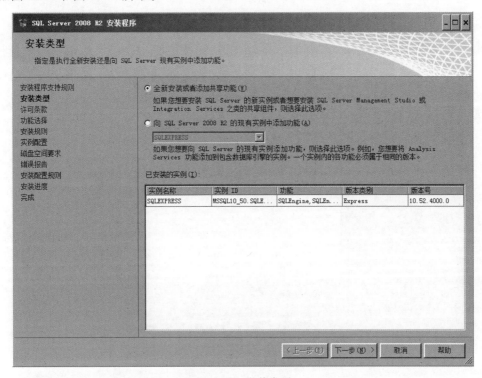

图 A-38 安装类型

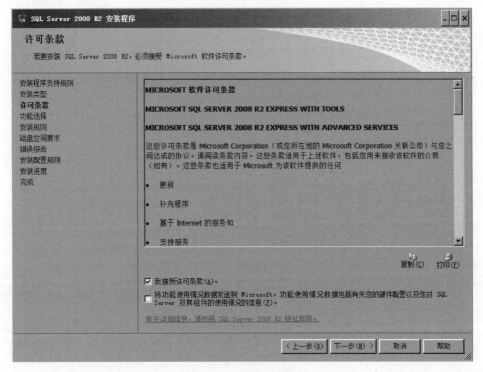

图 A-39 许可条款

（3）在功能选择中，目录也自动变成不可设置的，在 SQL EXPR 安装中设置的目录如图 A-40～图 A-42 所示。

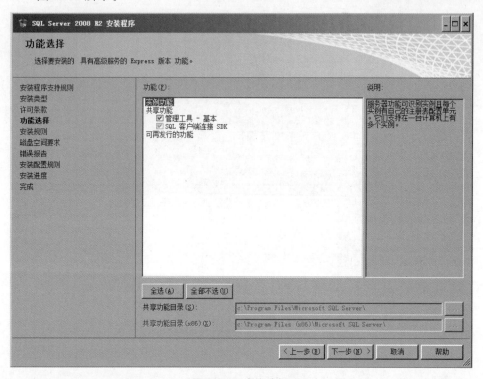

图 A-40　功能选择

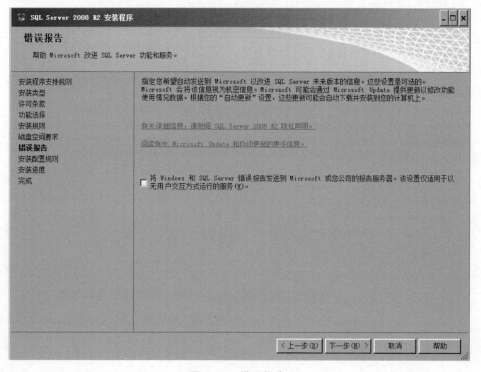

图 A-41　错误报告

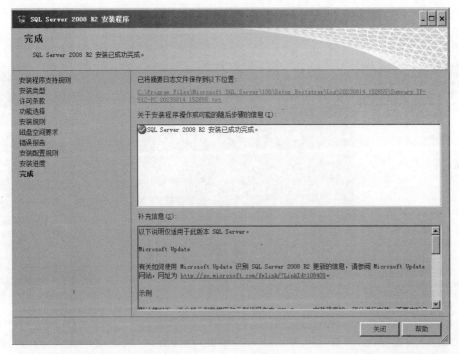

图 A-42　完成安装

（4）启动 SQL Server

在"所有程序"中找到 SQL Server Management Studio，如图 A-43 所示。

（5）双击"启动"图标，出现如图 A-45 所示的界面证明安装成功。服务器名称保持默认（默认是本机服务器）如果之前在安装中只选择了 Windows 身份验证登录，那么只能选择 Windows 身份验证登录。如果在安装中选择了混合模式，则两种登录方式都可以选择。单击"连接"按钮即可进入 SQL Server，如图 A-44 所示。

图 A-43　找到 SQL Server ManagementStudio

图 A-44　连接到服务器

进入 SQL Server Management Studio 界面,如图 A-45 所示。

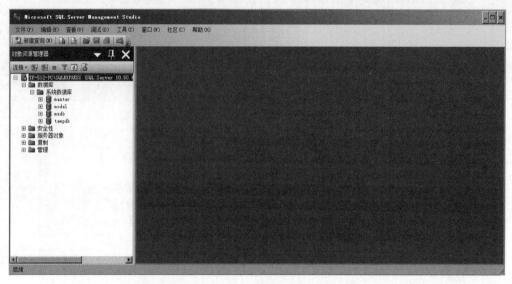

图 A-45　SQL Server Management Studio 界面

(6) 选择数据库(默认数据库为 master),单击"新建查询"按钮,就可进行数据库的相关练习了。

A.2.2　SQL Server 2022 的下载安装

SQL Server 2022 的安装过程如下。

(1) 在浏览器中搜索,如图 A-46 所示。

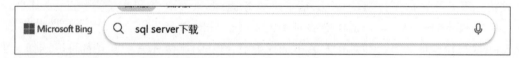

图 A-46　搜索 SQL Server

(2) 找到官网,官网截图如图 A-47 所示。

图 A-47　官网截图

（3）进入官网，向下滑动，找到下载区域，如图 A-48 所示。

图 A-48　下载区域

（4）选择 Developer 立即下载，等待下载完成，如图 A-49 所示。

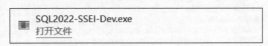

图 A-49　下载完成截图

（5）下载完成之后，运行此文件，会出现正在准备阶段，如图 A-50 所示。

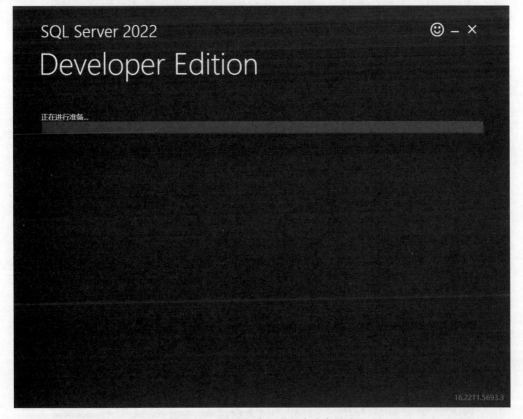

图 A-50　运行安装程序正在准备阶段

（6）准备界面过后，选择合适的安装方式。推荐选择"基本"，如图 A-51 所示。

图 A-51　选择安装模式

（7）选择完成之后，选择喜欢的语言，然后单击"接受"按钮，进行下一步，如图 A-52 所示。

图 A-52　选择数据库语言

（8）选择安装位置，默认安装在 C 盘，如果需要更换请自行修改，如图 A-53 所示。

图 A-53　选择安装位置

（9）等待下载安装程序，如图 A-54 所示。

图 A-54　等待下载安装程序

（10）完成之后等待安装，如图 A-55 所示。

图 A-55　等待安装

（11）安装完成，如不了解相关配置，请勿修改此页，如图 A-56 所示。

图 A-56　安装完成

（12）单击"安装 SSMS"，弹出网页，如图 A-57 所示。

图 A-57　安装 SSMS

（13）单击"下载 SSMS"按钮，浏览器会自动跳转到下载地址。单击蓝色的链接，等待下载，如图 A-58 所示。

图 A-58　下载 SSMS

（14）下载完成之后，运行此文件，进行安装。如果不想安装到 C 盘，可以修改安装位置，如图 A-59 所示。

（15）单击"安装"按钮，等待数据库管理工具安装完成，如图 A-60 所示。

（16）安装完成，如图 A-61 所示。

（17）按键盘上的 Win 键。Windows 10/11 系统在最近安装中寻找 SSMS，Windows 7 系统在所有应用程序中寻找 SSMS，如图 A-62 所示。

（18）选择"Windows 身份验证"，如图 A-63 所示。

（19）登录成功之后显示的界面的左半部分（对象资源管理器）如图 A-64 所示。

（20）安装完成之后我们需要设置身份验证，右击对象资源管理器的第一行，在弹出的菜单中选择"属性"命令如图 A-65 所示。

图 A-59　运行安装 SSMS

图 A-60　等待安装完成

图 A-61　安装完成

图 A-62　SSMS 图标

图 A-63　SSMS 登录界面

图 A-64　SSMS 登录成功界面

图 A-65　SSMS 添加用户

(21) 弹出如图 A-66 所示的界面,选择"安全性",然后单击"SQL Server 和 Windows 身份验证"单选按钮。单击"确定"按钮,然后重新启动 SQL Server(见图 A-65),使修改生效。

(22) 重启完成之后,选择 Windows 身份验证进入,选择"安全性"→"登录名",右击"sa 用户",选择"属性"命令,如图 A-67 所示。

(23) 弹出如图 A-68 所示的界面,设置登录名,并且设置新密码,并选择"强制实施密码策略"复选框。

(24) 然后单击"状态"按钮,启用登录名,授予连接到数据库引擎。完成之后单击"确定"按钮,如图 A-69 所示。

(25) 重新启动,选择 SQL Server 身份验证。输入登录名和密码。单击"连接"按钮,进入数据库,如图 A-70～图 A-73 所示。

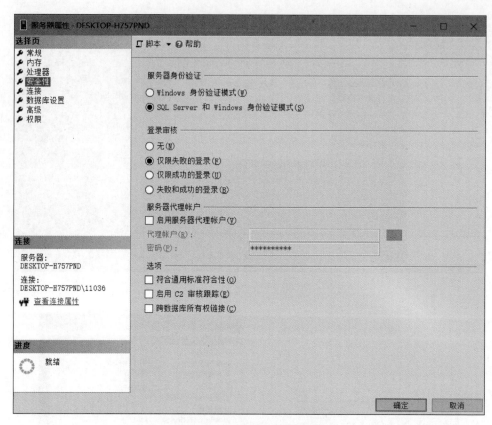

图 A-66   SSMS 设置登录模式

图 A-67   SSMS 配置用户

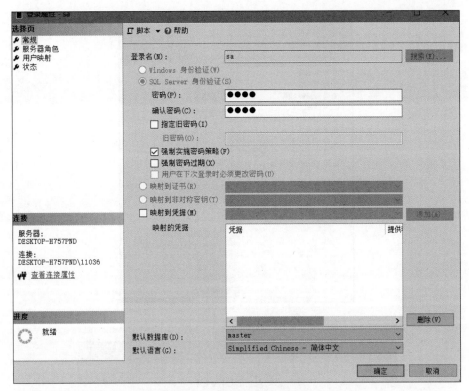

图 A-68 SSMS 设置用户信息

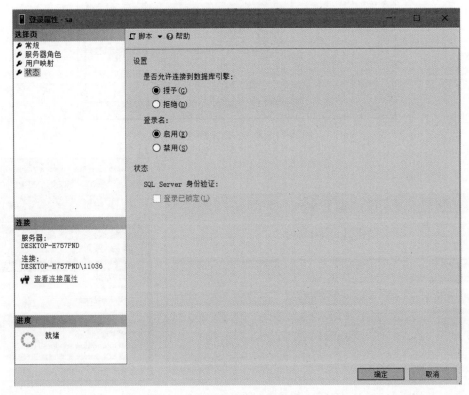

图 A-69 SSMS 启用用户

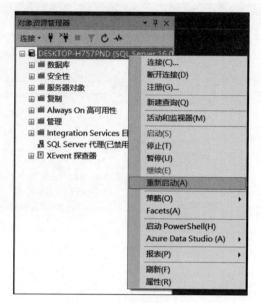

图 A-70　SSMS 重新启动

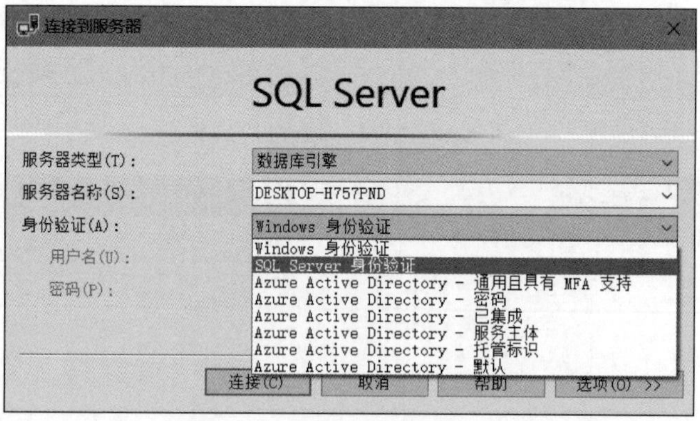

图 A-71　SSMS 选择登录方式

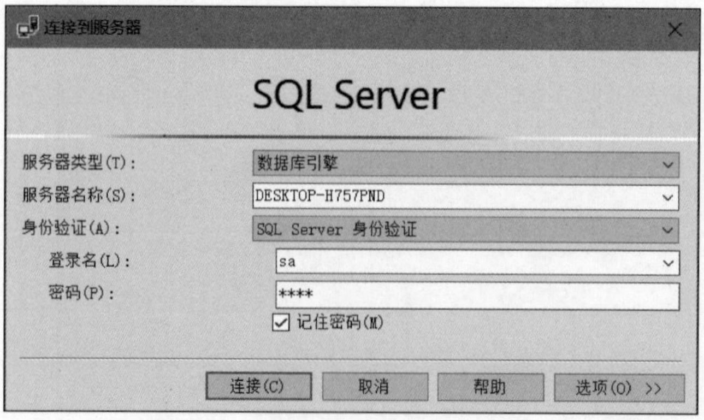

图 A-72　SSMS 输入"sa"用户账号密码

图 A-73　SSMS "sa"用户登录成功

A.3　云开发数据库的下载安装

安装微信云开发数据库并不需要独立的安装过程,因为它是微信小程序提供的一项云服务。用户只需要按照以下步骤进行配置即可开始使用云开发数据库。

打开微信开发者工具,并进入小程序项目。

在项目根目录下的 project.config.json 文件中,添加如下配置:

```
1.  {
2.    "cloudfunctionRoot": "./cloudfunctions",
3.    "cloudfunctionService": {
4.      "service": "云开发环境 ID",
5.      "envId": "云开发环境 ID"
6.    }
7.  }
```

其中,"云开发环境 ID"是用户在微信公众平台申请的云开发环境的 ID,可以在微信公众平台的云开发控制台中找到。

在微信开发者工具的右侧面板中,单击"云开发"按钮,进入云开发控制台。

在云开发控制台中,打开"数据库"选项卡,然后单击"创建集合"按钮创建一个新的集合。

在集合中可以定义字段,以及设置字段的类型和默认值等属性。

在小程序代码中,使用 wx.cloud.database()方法获取数据库的实例,然后就可以使用该实例进行数据的增、删、改、查操作了。

以上就是安装和配置微信云开发数据库的基本步骤。需要注意的是,用户需要在微信公众平台申请开通云开发功能,并创建云开发环境,才能使用云开发数据库。另外,云开发数据库的使用需要一定的开发者权限,建议先了解相关文档和教程,以便更好地使用和管理云开发数据库。

参 考 文 献

［1］ 王珊,萨师煊.数据库系统概论［M］.5 版.北京：高等教育出版社,2014.

［2］ 王珊,陈红.数据库系统原理教程［M］.北京：清华大学出版社,1998.

［3］ 张红娟,傅婷婷.数据库原理［M］.3 版.西安：西安电子科技大学出版社,2011.

［4］ 陈根才,孙建伶.数据库课程设计［M］.杭州：浙江大学出版社,2007.

［5］ 张红娟,金洁洁,匡方君.数据库课程设计［M］.西安：西安电子科技大学出版社,2021.

［6］ 钱雪忠,罗海驰,陈国俊.数据库原理及技术课程设计［M］.北京：清华大学出版社,2009.

［7］ 王世民,王雯,刘新亮.数据库原理与设计：基于 SQL Server 2012［M］.北京：清华大学出版社,2014.

［8］ Karthik Appigatla.MySQL 8 Cookbook［M］.北京：电子工业出版社,2018.

［9］ Silvia Botros,Jeremy Tinley.高性能 MySQL［M］.北京：电子工业出版社,2022.

［10］ 杨世文,孙会军.Maven 应用实战［M］.北京：清华大学出版社,2018.

［11］ 王晓悦.精通 Java：JDK、数据库系统开发、Web 开发［M］.北京：人民邮电出版社,2012.

［12］ 叶核亚.Java 程序设计实用教程［M］.5 版.北京：电子工业出版社,2019.

［13］ 梁玉英,江涛.SQL Server 数据库设计与项目实践［M］.北京：清华大学出版社,2015.

［14］ ConnollyTM,BeggC.数据库系统：设计、实现与管理（基础篇）［M］.6 版.宁洪译.北京：机械工业出版社,2019.

［15］ 王贝珊,戴顿,李成熙.小程序开发原理与实践［M］.北京：人民邮电出版社,2021.

［16］ 沈顺天.微信小程序项目开发实践［M］.北京：机械工业出版社,2020.

［17］ 周爱武,汪海威,肖云.数据库课程设计［M］.2 版.北京：机械工业出版社,2019.

［18］ Jeffrey L. Whitten,Lonnie D. Bentley.系统分析与设计导论［M］.肖钢,孙慧译.北京：机械工业出版社,2012.

［19］ 赵洪华,许博,张少娴.Web 应用开发技术与案例教程［M］.北京：机械工业出版社,2023.

［20］ 韩冬.Web 应用开发——基于 Spring MVC＋MyBatis＋Maven［M］.北京：电子工业出版社,2018.

图书资源支持

感谢您一直以来对清华版图书的支持和爱护。为了配合本书的使用，本书提供配套的资源，有需求的读者请扫描下方的"书圈"微信公众号二维码，在图书专区下载，也可以拨打电话或发送电子邮件咨询。

如果您在使用本书的过程中遇到了什么问题，或者有相关图书出版计划，也请您发邮件告诉我们，以便我们更好地为您服务。

我们的联系方式：

清华大学出版社计算机与信息分社网站：https://www.shuimushuhui.com/

地　　　址：北京市海淀区双清路学研大厦 A 座 714

邮　　　编：100084

电　　　话：010-83470236　010-83470237

客服邮箱：2301891038@qq.com

QQ：2301891038（请写明您的单位和姓名）

资源下载：关注公众号"书圈"下载配套资源。

资源下载、样书申请

图书案例

书圈

清华计算机学堂

观看课程直播